| 国家自然保护地生物多样性丛书 |

浙江乌岩岭国家级自然保护区
珍稀濒危动物图鉴

主 编 刘宝权 张芬耀 雷祖培

ZHEJIANG UNIVERSITY PRESS
浙江大学出版社

《浙江乌岩岭国家级自然保护区珍稀濒危动物图鉴》
编辑委员会

顾　　问：陈　林　陈征海

主　　任：毛达雄
副 主 任：毛晓鹏　陶翠玲　翁国杭　蓝锋生

主　　编：刘宝权　张芬耀　雷祖培
副 主 编：温超然　刘　西　许济南　郑方东
编　　委（按姓氏笔画排序）：

王翠翠　毛海澄　包长远　包志远　包其敏　仲　磊
刘敏慧　刘雷雷　苏　醒　李书益　吴先助　何向武
张友仲　张书润　张娴婉　张培林　陈丽群　陈荣发
陈雪风　陈景峰　林月华　林如金　林莉斯　周乐意
周家俊　周镇刚　郑而重　项婷婷　钟建平　夏颖慧
顾秋金　郭晓彤　唐升君　陶英坤　黄满好　章书声
曾文豪　蓝家仁　蓝道远　赖小连　赖家厚　雷启阳
蔡建祥　潘向东

摄　　影（按姓氏笔画排序）：

王聿凡　朱亦凡　刘　西　许济南　张芬耀　张培林
陈光辉　周佳俊　钟建平　徐　科　温超然

编写单位：浙江乌岩岭国家级自然保护区管理中心
　　　　　浙江省森林资源监测中心（浙江省林业调查规划设计院）

前　言

　　浙江乌岩岭国家级自然保护区是镶嵌在浙南大地上的一颗神奇明珠。其总面积 18861.5hm²,是中国离东海最近的国家级森林生态型自然保护区、浙江省第二大森林生态型自然保护区。其森林植被结构完整、典型,是我国东部亚热带常绿阔叶林保存最好的地区之一,被誉为"天然生物种源基因库"和"绿色生态博物馆"。

　　长期以来,浙江乌岩岭国家级自然保护区全力构建生物多样性天然宝库,取得了丰硕的成果,助力泰顺县成为全国五个建设生物多样性国际示范之一。为了系统、全面地检验和评估保护区的建设成效,以及满足新形势下摸清"家底"、建立长效监测机制的需要,2020年,浙江乌岩岭国家级自然保护区管理中心联合浙江省森林资源监测中心开展了新一轮的生物多样性综合科学考察工作,计划利用3年时间查清保护区内生物资源种类及分布情况。截至目前,野生脊椎动物资源本底调查已先行完成,取得了可喜的成果。为了尽快将科考成果转化为促进珍稀濒危野生动物保护与管理、科研与科普发展的现实能力,浙江乌岩岭国家级自然保护区管理中心组织编纂了《浙江乌岩岭国家级自然保护区珍稀濒危动物图鉴》一书。这是一部纲目清晰、图文并茂、资料丰富、特色鲜明的体现浙江乌岩岭国家级自然保护区珍稀濒危野生动物资源的著作,充分体现了浙江乌岩岭国家级自然保护区的生物多样性,具有较高的学术价值和实用价值。

　　本书收录的珍稀濒危野生动物指在乌岩岭保护区内原生分布的国家重点保护野生动物、浙江省重点保护野生动物、《中国生物多样性红色名录——脊椎动物卷》评估为近危(NT)及以上的物种、《世界自然保护联盟濒危物种红色名录》(2020)评估为近危(NT)及以上的物种。经调查,浙江乌岩岭国家级自然保护区分布有珍稀濒危野生动物164种,隶属23目58科,其中,兽类6目13科34种,鸟类13目29科83种,爬行类2目10科26种,两栖类2目6科21种。众多珍稀濒危野生动物中,国家重点保护野生动物有80种(其中国家一级重点保护野生动物14种,国家二级重点保护野生动物66种),浙江省重点保护野生动物有55种,其他珍稀濒危野生动物有29种。

　　本书的编纂出版是综合科学考察项目全体队员辛苦调查、团队协作、甘于奉献的结晶。由于本书涉及内容广泛、编著时间有限,书中难免存在疏虞之处,诚恳期望各位专家学者和读者不吝指正,十分感激!

C O N T E N T S 目 录

总

ZONG LUN

论

浙 江 乌 岩 岭 国 家 级 自 然 保 护 区 珍 稀 濒 危 动 物 图 鉴

第一节　保护区自然地理概况

一　地理位置

浙江乌岩岭国家级自然保护区(简称保护区)地处中亚热带南北亚带分界上,是中国离东海最近的森林生态型国家级自然保护区。

保护区总面积18861.5hm²,包括北、南两个片区。北片为主区域,面积17686.5hm²,位于泰顺县的西北部,介于北纬27°36′13″~27°48′39″、东经119°37′08″~119°50′00″,西与福建省寿宁县接壤,北接浙江省文成、景宁县;南片面积1175.0hm²,位于泰顺县西南隅,介于北纬27°20′52″~27°23′34″、东经119°44′07″~119°47′03″,西连福建省福安市,北连泰顺县罗阳镇洲岭社区,东、南连泰顺县西旸镇洋溪社区。

二　地质地貌

保护区地处东亚大陆新华夏系第二隆起带的南段,浙江永嘉—泰顺基底坳陷带的山门—泰顺断陷区内,为洞宫山脉南段。其特点是山峦起伏、切割剧烈、多断层峡谷、地形复杂,相对高差300~900m。海拔1000km以上山峰有17座,彼此衔接,连绵延展,成为乌岩岭主要的地形景观,其中主峰白云尖海拔1611.3m,为温州市第一高峰。保护区位于浙南中切割侵蚀中低山区,地貌类型属于山岳地貌,以侵蚀地貌为主,堆积地貌较少见。次级地貌有山地地貌、夷平地貌和山区流水地貌。

三　气候

保护区地处浙南沿海山地,属南岭闽瓯中亚热带气候区,温暖湿润,四季分明,雨水充沛,具中亚热带海洋性季风气候特征。保护区年平均气温15.2℃,1月月平均气温5.0℃,7月月平均气温24.1℃,极端最低气温-11.0℃;无霜期230天;年平均相对湿度在82%以上;年平均降水量2195mm,5—6月最多,降水量占全年的29%,主要生长季3—10月,月平均降水量也在100mm以上。

四　土壤

保护区土壤主要为红壤和黄壤两个土类:海拔600m以下的为红壤类的乌黄泥土、乌黄砾泥土;海拔600m以上的为黄壤类的山地砾石黄泥土、山地黄泥土、山地砾石香灰土和山地香灰土。森林土壤厚度一般为70cm左右,枯枝落叶层厚2~7cm,表土层厚10~20cm;pH值4~6;全氮含量0.1%~0.5%,全磷含量0.02%~0.03%,全钾含量1.8%~2.3%,有机质含量高,土壤质地好。年凋落物和枯枝落叶贮量为15.4t/hm²(以干物质计),腐殖质层和表土层能吸收较多的水分,因此土壤久晴不旱。

五 水文

保护区主区域(北片)河流属飞云江水系,区内白云涧和三插溪均为飞云江源头之一。保护区山高坡陡,溪沟平均坡度大,暴雨汇流时间短促,形成众多瀑、潭。但河床较窄,河宽一般在10m以内,两岸完整,冲刷缓和,源流短而流水常年不断,水质清澈,水资源丰富。

南片主要河流为交溪流域东溪的支流寿泰溪。寿泰溪为福建省福安市、寿宁县与浙江省泰顺县的界河,溪流弯多流急,径流丰沛,河流比降大,平均坡降约8.4%。

第二节 珍稀濒危动物概况

一 珍稀濒危野生动物种类

(一)种类与组成

保护区分布原生珍稀濒危野生动物164种,隶属23目58科。其中,兽类6目13科34种,鸟类13目29科83种,爬行类2目10科26种,两栖类2目6科21种。详见表1。

表1 保护区珍稀濒危野生动物

序号	物种名称	保护等级	《中国生物多样性红色名录》	《IUCN红色名录》
	兽类			
1	穿山甲 *Manis pentadactyla*	I	CR	CR
2	虎 *Panthera tigris*	I	CR	EN
3	云豹 *Neofelis nebulosa*	I	CR	VU
4	金猫 *Pardofelis temminckii*	I	CR	NT
5	豺 *Cuon alpinus*	I	EN	EN
6	金钱豹 *Panthera pardus*	I	EN	VU
7	黑麂 *Muntiacus crinifrons*	I	EN	VU
8	大灵猫 *Viverra zibetha*	I	VU	LC
9	小灵猫 *Viverricula indica*	I	VU	LC
10	水獭 *Lutra lutra*	II	EN	NT
11	黑熊 *Ursus thibetanus*	II	VU	VU
12	中华斑羚 *Naemorhedus griseus*	II	VU	VU
13	藏酋猴 *Macaca thibetana*	II	VU	NT
14	毛冠鹿 *Elaphodus cephalophus*	II	VU	NT
15	中华鬣羚 *Capricornis milneedwardsii*	II	VU	NT
16	豹猫 *Prionailurus bengalensis*	II	VU	LC
17	狼 *Canis lupus*	II	NT	LC
18	赤狐 *Vulpes vulpes*	II	NT	LC

续表

序号	物种名称	保护等级	《中国生物多样性红色名录》	《IUCN红色名录》
19	貉 Nyctereutes procyonoides	II	NT	LC
20	黄喉貂 Martes flavigula	II	NT	LC
21	猕猴 Macaca mulatta	II	LC	LC
22	黑白飞鼠 Hylopetes alboniger	S	NT	LC
23	黄腹鼬 Mustela kathiah	S	NT	LC
24	果子狸 Paguma larvata	S	NT	LC
25	食蟹獴 Herpestes urva	S	NT	LC
26	红背鼯鼠 Petaurista petaurista	S	VU	LC
27	中国豪猪 Hystrix hodgsoni	S	LC	LC
28	黄鼬 Mustela sibirica	S	LC	LC
29	小麂 Muntiacus reevesi		VU	LC
30	猪獾 Arctonyx collaris		NT	NT
31	鼬獾 Melogale moschata		NT	LC
32	狗獾 Meles meles		NT	LC
33	中华鼠耳蝠 Myotis chinensis		NT	LC
34	亚洲长翼蝠 Miniopterus fuliginosus		NT	LC
鸟类				
35	黄腹角雉 Tragopan caboti	I	EN	VU
36	白颈长尾雉 Syrmaticus ellioti	I	VU	NT
37	金雕 Aquila chrysaetos	I	VU	LC
38	黄嘴白鹭 Egretta eulophotes	I	VU	VU
39	白喉林鹟 Cyornis brunneatus	II	VU	VU
40	白眉山鹧鸪 Arborophila gingica	II	VU	NT
41	林雕 Ictinaetus malaiensis	II	VU	LC
42	白腹隼雕 Aquila fasciata	II	VU	LC
43	鸳鸯 Aix galericulata	II	NT	LC
44	斑尾鹃鸠 Macropygia unchall	II	NT	LC
45	蛇雕 Spilornis cheela	II	NT	LC
46	凤头鹰 Accipiter trivirgatus	II	NT	LC
47	苍鹰 Accipiter gentilis	II	NT	LC
48	鹰雕 Nisaetus nipalensis	II	NT	LC
49	黄嘴角鸮 Otus spilocephalus	II	NT	LC
50	雕鸮 Bubo bubo	II	NT	LC
51	褐林鸮 Strix leptogrammica	II	NT	LC
52	短耳鸮 Asio flammeus	II	NT	LC
53	红头咬鹃 Harpactes erythrocephalus	II	NT	LC
54	灰背隼 Falco columbarius	II	NT	LC
55	游隼 Falco peregrinus	II	NT	LC

序号	物种名称	保护等级	《中国生物多样性红色名录》	《IUCN红色名录》
56	画眉 *Garrulax canorus*	II	NT	LC
57	栗头鸦 *Gorsachius goisagi*	II	DD	VU
58	日本鹰鸮 *Ninox japonica*	II	DD	LC
59	草鸮 *Tyto longimembris*	II	DD	LC
60	勺鸡 *Pucrasia macrolopha*	II	LC	LC
61	白鹇 *Lophura nycthemera*	II	LC	LC
62	白额雁 *Anser albifrons*	II	LC	LC
63	红翅绿鸠 *Treron sieboldii*	II	LC	LC
64	小鸦鹃 *Centropus bengalensis*	II	LC	LC
65	黑冠鹃隼 *Aviceda leuphotes*	II	LC	LC
66	凤头蜂鹰 *Pernis ptilorhynchus*	II	NT	LC
67	黑鸢 *Milvus migrans*	II	LC	LC
68	赤腹鹰 *Accipiter soloensis*	II	LC	LC
69	松雀鹰 *Accipiter virgatus*	II	LC	LC
70	雀鹰 *Accipiter nisus*	II	LC	LC
71	普通鵟 *Buteo japonicus*	II	LC	LC
72	领角鸮 *Otus lettia*	II	LC	LC
73	红角鸮 *Otus sunia*	II	LC	LC
74	领鸺鹠 *Glaucidium brodiei*	II	LC	LC
75	斑头鸺鹠 *Glaucidium cuculoides*	II	LC	LC
76	蓝喉蜂虎 *Merops viridis*	II	LC	LC
77	白胸翡翠 *Halcyon smyrnensis*	II	LC	LC
78	红隼 *Falco tinnunculus*	II	LC	LC
79	燕隼 *Falco subbuteo*	II	LC	LC
80	云雀 *Alauda arvensis*	II	LC	LC
81	棕噪鹛 *Garrulax poecilorhynchus*	II	LC	LC
82	红嘴相思鸟 *Leiothrix lutea*	II	LC	LC
83	红喉歌鸲 *Calliope calliope*	II	LC	LC
84	豆雁 *Anser fabalis*	S	LC	LC
85	绿翅鸭 *Anas crecca*	S	LC	LC
86	绿头鸭 *Anas platyrhynchos*	S	LC	LC
87	斑嘴鸭 *Anas zonorhyncha*	S	LC	LC
88	红翅凤头鹃 *Clamator coromandus*	S	LC	LC
89	大鹰鹃 *Hierococcyx sparverioides*	S	LC	LC
90	四声杜鹃 *Cuculus micropterus*	S	LC	LC
91	大杜鹃 *Cuculus canorus*	S	LC	LC
92	中杜鹃 *Cuculus saturatus*	S	LC	LC
93	小杜鹃 *Cuculus poliocephalus*	S	LC	LC

续表

序号	物种名称	保护等级	《中国生物多样性红色名录》	《IUCN红色名录》
94	噪鹃 *Eudynamys scolopaceus*	S	LC	LC
95	三宝鸟 *Eurystomus orientalis*	S	LC	LC
96	蚁䴕 *Jynx torquilla*	S	LC	LC
97	斑姬啄木鸟 *Picumnus innominatus*	S	LC	LC
98	大斑啄木鸟 *Dendrocopos major*	S	LC	LC
99	灰头绿啄木鸟 *Picus canus*	S	LC	LC
100	黄嘴栗啄木鸟 *Blythipicus pyrrhotis*	S	LC	LC
101	黑枕黄鹂 *Oriolus chinensis*	S	LC	LC
102	虎纹伯劳 *Lanius tigrinus*	S	LC	LC
103	牛头伯劳 *Lanius bucephalus*	S	LC	LC
104	红尾伯劳 *Lanius cristatus*	S	LC	LC
105	棕背伯劳 *Lanius schach*	S	LC	LC
106	普通䴓 *Sitta europaea*	S	LC	LC
107	红胸啄花鸟 *Dicaeum ignipectus*	S	LC	LC
108	叉尾太阳鸟 *Aethopyga christinae*	S	LC	LC
109	白颈鸦 *Corvus pectoralis*		NT	VU
110	长嘴剑鸻 *Charadrius placidus*		NT	LC
111	淡绿鹀鹛 *Pteruthius xanthochlorus*		NT	LC
112	丽星鹩鹛 *Elachura formosa*		NT	LC
113	黑头蜡嘴雀 *Eophona personata*		NT	LC
114	白眉鹀 *Emberiza tristrami*		NT	LC
115	田鹀 *Emberiza rustica*		LC	VU
116	鹌鹑 *Coturnix japonica*		LC	NT
117	小太平鸟 *Bombycilla japonica*		LC	NT
爬行类				
118	鼋 *Pelochelys cantorii*	I	CR	EN
119	平胸龟 *Platysternon megacephalum*	II	CR	EN
120	乌龟 *Mauremys reevesii*	II	EN	EN
121	眼镜王蛇 *Ophiophagus hannah*	II	EN	VU
122	角原矛头蝮 *Protobothrops cornutus*	II	CR	NT
123	脆蛇蜥 *Dopasia harti*	II	EN	LC
124	崇安草蜥 *Takydromus sylvaticus*	S	EN	LC
125	尖吻蝮 *Deinagkistrodon acutus*	S	EN	VU
126	滑鼠蛇 *Ptyas mucosa*	S	EN	LC
127	王锦蛇 *Elaphe carinata*	S	EN	LC
128	黑眉锦蛇 *Elaphe taeniura*	S	EN	VU
129	舟山眼镜蛇 *Naja atra*	S	VU	VU
130	白头蝰 *Azemiops kharini*	S	VU	LC

续表

序号	物种名称	保护等级	《中国生物多样性红色名录》	《IUCN红色名录》
131	玉斑锦蛇 Euprepiophis mandarinus	S	VU	LC
132	钩盲蛇 Indotyphlops braminus	S	DD	LC
133	中华鳖 Pelodiscus sinensis		EN	VU
134	银环蛇 Bungarus multicinctus		EN	LC
135	中华珊瑚蛇 Sinomicrurus macclellandi		VU	LC
136	乌梢蛇 Ptyas dhumnades		VU	LC
137	灰鼠蛇 Ptyas korros		VU	NT
138	赤链华游蛇 Trimerodytes annularis		VU	LC
139	乌华游蛇 Trimerodytes percarinatus		VU	LC
140	台湾烙铁头蛇 Ovophis makazayazaya		NT	LC
141	台湾小头蛇 Oligodon formosanus		NT	LC
142	饰纹小头蛇 Oligodon ornatus		NT	LC
143	福清白环蛇 Lycodon futsingensis		NT	LC
两栖类				
144	中国大鲵 Andrias davidianus	II	CR	CR
145	虎纹蛙 Hoplobatrachus chinensis	II	EN	LC
146	中国瘰螈 Paramesotriton chinensis	II	NT	LC
147	橙脊瘰螈 Paramesotriton aurantius	II	NE	VU
148	秉志肥螈 Pachytriton granulosus	S	DD	LC
149	凹耳臭蛙 Odorrana tormota	S	VU	LC
150	小棘蛙 Quasipaa exilispinosa	S	VU	VU
151	九龙棘蛙 Quasipaa jiulongensis	S	VU	VU
152	棘胸蛙 Quasipaa spinosa	S	VU	VU
153	东方蝾螈 Cynops orientalis	S	NT	LC
154	中国雨蛙 Hyla chinensis	S	LC	LC
155	三港雨蛙 Hyla sanchiangensis	S	LC	LC
156	崇安湍蛙 Amolops chunganensis	S	LC	LC
157	沼水蛙 Hylarana guentheri	S	LC	LC
158	大树蛙 Zhangixalus dennysi	S	LC	LC
159	大绿臭蛙 Odorrana graminea	S	LC	DD
160	布氏泛树蛙 Polypedates braueri	S	LC	DD
161	天目臭蛙 Odorrana tianmuii	S	LC	NE
162	黑斑侧褶蛙 Pelophylax nigromaculatus		NT	NT
163	小竹叶蛙 Odorrana exiliversabilis		NT	LC
164	福建大头蛙 Limnonectes fujianensis		NT	LC

注：①Ⅰ-国家一级重点保护野生动物，Ⅱ-国家二级重点保护野生动物，S-浙江省重点保护野生动物；CR-极危，EN-濒危，VU-易危，NT-近危，LC-无危，DD-数据缺乏，NE-未予评估。下同。

②《中国生物多样性红色名录》为《中国生物多样性红色名录——脊椎动物卷》的简称；《IUCN红色名录》为《世界自然保护联盟濒危物种红色名录》(2020)的简称。下同。

按保护等级划分，保护区164种珍稀濒危野生动物中，重点保护野生动物有135种，占82.3%。其中，国家一级重点保护野生动物14种，包括兽类9种、鸟类4种、爬行类1种；国家二级重点保护野生动物66种，包括兽类12种、鸟类45种、爬行类5种、两栖类4种；浙江省重点保护野生动物55种，包括兽类7种、鸟类25种、爬行类9种、两栖类14种。详见表2。

表2　保护区重点保护物种组成

保护等级	兽类	鸟类	爬行类	两栖类	合计
国家一级	9	4	1	0	14
国家二级	12	45	5	4	66
浙江省重点	7	25	9	14	55
合计	28	74	15	18	135

根据《中国生物多样性红色名录——脊椎动物卷》（简称《中国生物多样性红色名录》），保护区164种珍稀濒危野生动物中，极危（CR）等级8种，占保护区珍稀濒危物种数的4.9%；濒危（EN）等级16种，占9.8%；易危（VU）等级29种，占17.7%；近危（NT）等级43种，占26.2%。详见表3。

表3　保护区列入《中国生物多样性红色名录》近危及以上等级物种

濒危等级	兽类	鸟类	爬行类	两栖类	合计	
					种数	占比/%
极危（CR）	4	0	3	1	8	4.9
濒危（EN）	4	1	10	1	16	9.8
易危（VU）	10	7	8	4	29	17.7
近危（NT）	13	21	4	5	43	26.2

根据《世界自然保护联盟濒危物种红色名录》（2020，简称《IUCN红色名录》），保护区的164种珍稀濒危野生动物中，极危（CR）等级2种，占保护区珍稀濒危物种数的1.2%，濒危（EN）等级5种，占3.0%；易危（VU）等级20种，占12.2%；近危（NT）等级13种，占7.9%。详见表4。

表4　保护区列入《IUCN红色名录》近危及以上等级物种

濒危等级	兽类	鸟类	爬行类	两栖类	合计	
					种数	占比/%
极危（CR）	1	0	0	1	2	1.2
濒危（EN）	2	0	3	0	5	3.0
易危（VU）	5	6	5	4	20	12.2
近危（NT）	6	4	2	1	13	7.9

(二)区系组成

保护区的164种珍稀濒危野生动物中,地理区系属古北界的兽类和鸟类有35种,占保护区珍稀濒危兽类和鸟类物种数的29.9%;属东洋界的兽类和鸟类有82种,占70.1%。从地理区系组成上看,保护区珍稀濒危野生动物中,兽类和鸟类以东洋界物种为主,古北界物种为辅。详见表5。

表5 保护区珍稀濒危兽类和鸟类物种区系组成

地理区系	兽类		鸟类		合计	
	种数	占比/%	种数	占比/%	种数	占比/%
古北界	7	20.6	28	33.7	35	29.9
东洋界	27	79.4	55	66.3	82	70.1
合计	34	100.0	83	100.0	117	100.0

保护区的164种珍稀濒危野生动物中,地理区系属东洋界的爬行类和两栖类有13种,占保护区濒危爬行类和两栖类物种数的27.7%;属东洋界华中区的爬行类和两栖类有9种,占19.1%;属东洋界华中和华南区的爬行类和两栖类有18种,占38.3%;属广布种的爬行类和两栖类有7种,占14.9%。详见表6。

表6 保护区珍稀濒危爬行类和两栖类物种区系组成

地理区系	爬行类		两栖类		合计	
	种数	占比/%	种数	占比/%	种数	占比/%
东洋界	11	42.3	2	9.5	13	27.7
东洋界华中区	1	3.8	8	38.1	9	19.1
东洋界华中和华南区	9	34.6	9	42.9	18	38.3
广布种	5	19.2	2	9.5	7	14.9
合计	26	100.0	21	100.0	47	100.0

保护区珍稀濒危物种的区系组成特征是以东洋界物种占优势,同时分布部分古北界物种和广布种。保护区地处浙江省西南部,在中国动物地理区划中属于东洋界华中区,由于地处东洋界边缘,与古北界毗邻,其动物区系分界并不明显,形成了广泛的逐渐过渡趋势,古北界向东洋界渗透现象较为明显。

二 国家重点保护野生动物

保护区的164种珍稀濒危野生动物中,国家重点保护野生动物有80种,隶属19目33科,占保护区珍稀濒危物种数的48.8%。其中,国家一级重点保护野生动物有穿山甲、小灵猫、黑麂、黄腹角雉、白颈长尾雉、金雕等14种,国家二级重点保护野生动物有猕猴、藏酋猴、豹猫、毛冠鹿、中华鬣羚、白眉山鹧鸪、勺鸡、白鹇、斑尾鹃鸠、小鸦鹃、黑冠鹃隼、蛇雕、赤腹鹰、松雀鹰、雀鹰、林雕、白腹隼雕、鹰雕、领角鸮、红角鸮、白胸翡翠、红隼、灰背隼、燕隼、游隼、云雀、棕噪鹛、画眉、红嘴相思鸟、白喉林鹟、橙脊瘰螈、中国瘰螈、虎纹蛙等66种。详见表1。

国家重点保护野生动物中,《中国生物多样性红色名录》评估为极危(CR)等级的有8种,濒危(EN)等级的有9种,易危(VU)等级的有15种,近危(NT)等级的有20种;《IUCN红色名录》评估为极危(CR)等级的有2种,濒危(EN)等级的有5种,易危(VU)等级的有11种,近危(NT)等级的有8种。详见表1。

三 浙江省重点保护野生动物

保护区的164种珍稀濒危野生动物中,浙江省重点保护野生动物有55种,隶属10目24科,分别是中国豪猪、黄腹鼬、黄鼬、食蟹獴、豆雁、绿翅鸭、绿头鸭、斑嘴鸭、红翅凤头鹃、大鹰鹃、四声杜鹃、中杜鹃、小杜鹃、噪鹃、三宝鸟、蚁鴷、斑姬啄木鸟、大斑啄木鸟、灰头绿啄木鸟、黑枕黄鹂、红尾伯劳、棕背伯劳、普通鸭、红胸啄花鸟、叉尾太阳鸟、秉志肥螈、东方蝾螈、三港雨蛙、崇安湍蛙、沼水蛙、大绿臭蛙、凹耳臭蛙、小棘蛙、九龙棘蛙、棘胸蛙、大树蛙、钩盲蛇、尖吻蝮、舟山眼镜蛇、玉斑锦蛇、王锦蛇、黑眉锦蛇等,占保护区珍稀濒危野生动物种数的33.5%。

浙江省重点保护野生动物中,《中国生物多样性红色名录》评估为濒危(EN)等级的有5种,易危(VU)等级的有8种,近危(NT)等级的有5种;《IUCN红色名录》评估为易危(VU)等级的有6种。详见表1。

四 其他珍稀濒危野生动物

保护区的164种珍稀濒危野生动物中,除国家重点保护野生动物和浙江省重点保护野生动物以外,另有其他29种珍稀濒危野生动物。其中,《中国生物多样性红色名录》评估为濒危(EN)等级的有2种,即银环蛇和中华鳖;易危(VU)等级的有6种,为小麂、中华珊瑚蛇、乌梢蛇、灰鼠蛇、赤链华游蛇、乌华游蛇;近危(NT)等级的有18种,为鼬獾、狗獾、猪獾、中华鼠耳蝠、亚洲长翼蝠、长嘴剑鸻、淡绿鹦鹛、白颈鸦、丽星鹩鹛、黑头蜡嘴雀、白眉鸫、小竹叶蛙、黑斑侧褶蛙、福建大头蛙、台湾烙铁头蛇、台湾小头蛇、饰纹小头蛇、福清白环蛇。《IUCN红色名录》评估为易危(VU)等级的有3种,为白颈鸦、田鹀、中华鳖;近危(NT)等级的有5种,为猪獾、鹌鹑、小太平鸟、黑斑侧褶蛙、角原矛头蝮。详见表1。

各论
GE LUN

浙 江 乌 岩 岭 国 家 级 自 然 保 护 区 珍 稀 濒 危 动 物 图 鉴

◆ 第一节 兽 类

1 猕猴 猴子、猢狲、恒河猴

Macaca mulatta Zimmermann

目　灵长目 PRIMATES
科　猴科 Cercopithecidae
属　猕猴属 *Macaca*

形态特征 体长 45~65cm,尾长 22~29cm,后足长 14~18cm。身体、四肢和尾都比较细长,尾长超过后足长。颜面和耳呈肉色,因年龄和性别不同而有差异,幼时面部白色,成年后渐红,雌性尤甚。臀胝明显,多为红色。身体背部及四肢外侧为棕黄色,背后部具有橙黄色光泽。胸部为淡灰色,腹部近乎淡黄色。

生活习性 现存灵长类中对栖息条件要求较低的一种。喜欢生活在石山的林灌地带,特别是夹杂着溪流沟谷、攀藤绿树的广阔的地段。集群生活,猕猴往往数十只或上百只一群,由猴王带领,群居于森林中。它们常爱攀藤上树,喜觅峭壁岩洞,其活动范围很大。善于攀缘跳跃,会游泳。以树叶、嫩枝、野菜等为食,也吃小鸟、鸟蛋、昆虫,甚至蚯蚓、蚂蚁。

地理分布 保护区见于双坑头、陈吴坑、黄桥、石鼓背、溪斗、新增等地。浙江省内山区林地广泛分布。

保护与濒危等级 国家二级重点保护野生动物;《中国生物多样性红色名录》无危(LC);《IUCN红色名录》无危(LC)。

2 藏酋猴　　短尾猴、断尾猴

Macaca thibetana Milne-Edwards

目	灵长目 PRIMATES
科	猴科 Cercopithecidae
属	猕猴属 *Macaca*

形态特征　体长52~61cm。身体粗壮，四肢等长。颜面随年龄和性别的不同而不同：幼时白色；成年雌性为肉红色，雄性则为肉黄色。有颊囊，面部长有浓密的毛，成年雄性还有颊须。体背部黑褐色；尾长7cm左右；腹面和四肢内侧色较淡，为灰黄色。

生活习性　栖息于高山密林中，主要活动场所为阔叶林、针阔叶混交林以及悬崖峭壁等处，尤喜在山间峡谷的溪流附近觅食活动。群栖性，小群10~20只，大群可达60~70只，活动范围受季节和食物条件影响。食物以植物的叶、果实、种子等为主，也吃少量的动物，如蜥蜴、小鸟、鸟蛋等。

地理分布　保护区见于双坑口、垟岭坑、石鼓背、黄桥、石佛岭等地。浙江省内分布于江山、开化、泰顺、景宁、遂昌、龙泉、庆元、临安等地。

保护与濒危等级　国家二级重点保护野生动物；《中国生物多样性红色名录》易危（VU）；《IUCN红色名录》近危（NT）。

3 穿山甲 鲮鲤

Manis pentadactyla Linnaeus

目	鳞甲目 PHOLIDOTA
科	鲮鲤科 Manidae
属	穿山甲属 *Manis*

形态特征 体形较小,一般长 37~50cm。全身披覆瓦状排列的角质鳞甲,主要部位为头额、枕颈、体背侧、尾部背腹面及四肢外侧,鳞片间杂有硬毛。头小呈圆锥状,吻尖长。舌长,无齿,眼小而圆,外耳壳呈瓣状。尾背略隆起而腹面平。四肢短,前足爪发达。肛门下方具一凹陷,尾尖下方有一裸露区域。

生活习性 地栖性,穴居生活。栖息于丘陵山地的灌丛、草丛中较为潮湿的地方,洞口很隐蔽,昼伏夜出。能游泳,会爬树,善挖洞。食物以白蚁为主,包括黑翅土白蚁、黑胸散白蚁、黄翅大白蚁、家白蚁等。

地理分布 保护区见于洋溪林场。湖州、衢州、金华、台州、丽水、温州均有发现,但数量极其稀少,呈零星分布。

保护与濒危等级 国家一级重点保护野生动物;《中国生物多样性红色名录》极危(CR);《IUCN 红色名录》极危(CR)。

4 黑白飞鼠 黑白鼯鼠、箭尾黑白飞鼠、黑白林飞鼠

Hylopetes alboniger（Hodgson）

目	啮齿目 RODENTIA
科	松鼠科 Sciuridae
属	低泡飞鼠属 *Hylopetes*

形态特征 一种小型鼯鼠，体长一般不超过 25cm。眼睛周围有黑圈。耳后侧有一灰白斑。全身背呈黑褐色底，毛尖有灰褐色霜层，腹面前胸和臂部呈白色，毛全白。前足掌无毛，后足跖裸露；足背灰褐色，足趾及足背外侧白色。尾几与体等长，背面黑灰色，尾基一部分为浅灰色；腹面灰褐色。

生活习性 栖息于高山密林，白昼在巢中睡眠，于黄昏和晨曦活动。常以树洞为巢，多在树杈下缘的洞、砍掉枝干之裂痕处的洞、受多年风雨侵蚀而朽烂成的洞里。喜饮水，以果实为食。

地理分布 保护区仅有历史资料记载，近年来无重新发现记录。浙江省内记载分布于浙南山区。

保护与濒危等级 浙江省重点保护野生动物；《中国生物多样性红色名录》近危（NT）；《IUCN红色名录》无危（LC）。

5 红背鼯鼠 赤鼯鼠、大鼯鼠、红色巨飞鼠

Petaurista petaurista（Pallas）

目	啮齿目 RODENTIA
科	松鼠科 Sciuridae
属	鼯鼠属 *Petaurista*

形态特征 大型鼯鼠，体长约 36cm，尾长约 42cm，略长于体长。身体背面、皮翼、足和尾上面均呈闪亮赤褐色到暗栗红色；颈背及体背面中间部分毛色较深暗；体腹面带粉红色或橙红色，至皮翼边缘下面逐渐成为赤褐色，腹部两侧白色。耳壳后有少许黑色毛。眼周及颊部黑色，颏有一小褐斑。

生活习性 栖息于山地亚热带常绿阔叶林与针叶林中。在树洞中营巢，一年四季均活动。昼间藏匿于树洞里或蜷缩在树上，一般离地面 20m 以上，夜晚利用皮翼滑翔于树间。觅食于针叶树、阔叶树树冠下部的树枝间，主要以水果、坚果、嫩枝、嫩草为食，有时也吃昆虫。

地理分布 保护区仅有历史资料记载，近年来无重新发现记录。浙江省内记载分布于浙南山区。

保护与濒危等级 浙江省重点保护野生动物；《中国生物多样性红色名录》易危（VU）；《IUCN红色名录》无危（LC）。

6　中国豪猪　　刺猪、箭猪

Hystrix hodgsoni Gray

目	啮齿目 RODENTIA
科	豪猪科 Hystricidae
属	豪猪属 *Hystrix*

形态特征　大型啮齿类，体长约65cm。身体粗大、全身呈黑色或黑褐色，通常情况下，后颈有长而粗的毛发，头部和颈部有细长、直生而向后弯曲的鬃毛。身体的前半部分深褐色至黑色，背部、臀部和尾部都生有粗而直的、黑棕色和白色相间的纺锤形棘刺。臀部刺长而密集，四肢和腹面覆以短小、柔软的刺。尾较短，隐于刺中。鼻骨长，其后缘在泪骨之后。

生活习性　栖息在林木茂盛的山区丘陵，在靠近农田的山坡草丛或密林中数量较多。穴居，常以天然石洞居住，也自行打洞。豪猪为夜行性动物，白天躲在洞内睡觉，晚间出来觅食。行动缓慢，反应较差，夜出觅食常按固定路线行走，并连续数晚在同一地点觅食，在冬季有群居的习性。

地理分布　保护区见于库竹井、石门楼、石佛岭、白云尖、岭北、陈吴坑、石角坑、小燕、黄桥、五龟湖、上地等地。浙江省内大部分山地丘陵有分布。

保护与濒危等级　浙江省重点保护野生动物；《中国生物多样性红色名录》无危（LC）；《IUCN红色名录》无危（LC）。

7 狼 豺狼、狼狗
Canis lupus Linnaeus

目　食肉目 CARNIVORA
科　犬科 Canidae
属　犬属 *Canis*

形态特征　外形与狗、豺相似，通常体长超过 90cm。体形中等、匀称，四肢修长，趾行性，利于快速奔跑。头腭尖形，颜面部长，鼻端突出，耳尖且直立，嗅觉灵敏，听觉发达。犬齿及裂齿发达。毛粗而长。爪粗而钝，不能或略能伸缩。尾多毛，尾尖黑色，尾挺直状下垂，夹于两后腿之间。善快速及长距离奔跑，多喜群居，常追逐猎食。

生活习性　栖息范围广，适应性强，山地、林区、草原、冰原均有狼群生存。夜间活动多，嗅觉敏锐，听觉很好，机警，多疑，善奔跑，耐力强，常采用穷追的方式获得猎物。主要以鹿、羚羊、兔为食，也食昆虫、老鼠等。

地理分布　保护区仅有历史资料记载。浙江省内历史资料记载山区有分布，现已濒临绝迹。

保护与濒危等级　国家二级重点保护野生动物；《中国生物多样性红色名录》近危（NT）；《IUCN红色名录》无危（LC）。

8 赤狐 狐狸、红狐
Vulpes vulpes Linnaeus

目　食肉目 CARNIVORA
科　犬科 Canidae
属　狐属 *Vulpes*

形态特征　体长约 70cm，体形纤长。吻尖而长，鼻骨细长，额骨前部平缓，中间有一狭沟，耳较大，高而尖，直立。四肢较短，尾较长，略超过体长之半。尾形粗大，覆毛长而蓬松。躯体覆有长的针毛，冬毛具丰富的底绒。耳背之上半部黑色，与头部毛色明显不同，尾梢白色。足掌长有浓密短毛；具尾腺，能释放奇特臭味。毛色因季节和地区不同而有较大变异，一般背面棕灰色或棕红色，腹部白色或黄白色。

生活习性　栖息环境非常多样，经常栖息在大石缝或山沟里。住处常不固定，且除了繁殖期和育仔期外，一般独自栖息。听觉、嗅觉发达，性狡猾，行动敏捷。在夜晚捕食，鼠、野兔等是主要食物，也吃蛙、鱼、鸟、鸟蛋、昆虫等，还吃草莓、橡子、葡萄等野果或浆果。

地理分布　保护区仅有历史资料记载。浙江省内历史资料记载山区有分布，现已濒临绝迹。

保护与濒危等级　国家二级重点保护野生动物；《中国生物多样性红色名录》近危（NT）；《IUCN红色名录》无危（LC）。

9 貉 狸、貉子

Nyctereutes procyonoides Gray

目	食肉目 CARNIVORA
科	犬科 Canidae
属	貉属 *Nyctereutes*

形态特征 体形似狐，但小而粗胖。吻部短，耳短而圆。体呈圆筒状，四肢短，尾短而蓬松。体背为棕灰色，略带棕黄色，背中央杂以黑色，从头到尾形成1条黑色纵纹。头部毛色与体背色相同，眼四周毛黑色，颊部毛长而蓬松。体侧和腹部棕黄色或棕灰色，四肢浅灰色或咖啡色。尾毛长，腹面浅灰色。

生活习性 生活在平原、丘陵及部分山地，栖息于河谷、草原、靠近溪流与湖泊的丛林中。穴居，洞穴多数是露天的，常利用其他动物的废弃旧洞，或营巢于石隙、树洞里。一般白昼匿于洞中，夜间出来活动。貉行动不如豺、狐敏捷，性较温驯，叫声低沉，能攀登树木及游水。食性较杂，主要取食小动物，包括啮齿类、小鸟、鸟蛋、鱼、蛙、蛇、虾、蟹、昆虫等，也食浆果、真菌、根、茎、种子、谷物等植物性食物。

地理分布 保护区有历史资料记载，但在保护区低海拔区域再次发现的可能性较大。浙江省内分布于杭州、湖州、绍兴、金华、衢州、丽水等低海拔低丘缓坡地带。

保护与濒危等级 国家二级重点保护野生动物；《中国生物多样性红色名录》近危（NT）；《IUCN红色名录》无危（LC）。

10　豺　印度野犬、亚洲野犬

Cuon alpinus（Pallas）

目　食肉目 CARNIVORA
科　犬科 Canidae
属　豺属 *Cuon*

形态特征　外形与狼、狗等相近，但比狼小，大于赤狐，体长95~103cm，尾长45~50cm，体重20kg左右。头宽，额扁平而低，吻部较短，耳短而圆，额骨的中部隆起。四肢较短，体毛厚密而粗糙，体色随季节和产地的不同而异，一般头部、颈部、肩部、背部、四肢外侧等处的毛色为棕褐色，腹部及四肢内侧为淡白色、黄色或浅棕色，尾较粗，毛蓬松而下垂，呈棕黑色，类似狐尾。尾尖端为黑色或棕色。

生活习性　喜群居，居住在岩石缝隙、天然洞穴，或隐匿在灌木丛之中，但不会自己挖掘洞穴。食物主要是鹿、麂、斑羚等偶蹄目动物，有时亦袭击水牛。

地理分布　保护区仅有历史资料记载。浙江省内历史资料记载山区有分布，现已濒临绝迹。

保护与濒危等级　国家一级重点保护野生动物；《中国生物多样性红色名录》濒危（EN）；《IUCN红色名录》濒危（EN）。

11　黑熊　狗熊、黑瞎子

Ursus thibetanus G. Cuvier

目　食肉目 CARNIVORA
科　熊科 Ursidae
属　熊属 *Ursus*

形态特征　身体肥大，体重可达120kg。头宽，吻部短，眼、耳均小。四肢粗壮，全身毛色黑，富有光泽，面部毛色近棕黄，下颏白色，胸部有1个由白色短毛构成的月牙形横斑，十分明显。耳被毛长，颈侧尤长。前、后肢均有5指，爪发达而弯曲，但不尖锐，无伸缩性；有发达的肉垫。尾短，长仅8~10cm，常被体毛遮盖。

生活习性　栖息于高山，以陆地生活为主，亦具潜水能力。善攀爬，可爬到高达4~6m的树洞中。嗅觉灵敏。不合群，除繁殖期外，一般均单独活动。杂食性，以采食植物幼枝、嫩芽、嫩草、野菜、野果为主，也吃小型动物，如昆虫、蚂蚁，尤喜吃蜂蜜，还能涉水捕鱼。

地理分布　保护区有历史资料记载，再次发现的可能性仍然存在。浙江省内分布范围极其狭窄，开化、常山、江山、遂昌等地近年有发现记录。

保护与濒危等级　国家二级重点保护野生动物；《中国生物多样性红色名录》易危（VU）；《IUCN红色名录》易危（VU）。

12 黄喉貂 青鼬、蜜狗、两头乌

Martes flavigula Boddaert

目	食肉目 CARNIVORA
科	鼬科 Mustelidae
属	貂属 *Martes*

形态特征 貂属动物中个体最大的一种,体长 45~60cm,尾长 36~42cm。身体细长,呈圆筒状。头部较尖,鼻端裸露,耳小而圆,四肢较短,尾长超过体长之半,尾圆柱状。头部自吻、额至头顶为暗褐色,颊部和耳内侧色较浅且带黄色,耳后部为黑褐色。颈背前段中央暗褐色,后段至肩部为深棕色。背部棕黄色,腰部以后转为暗褐色,臀部及尾色最深,近乎黑色,故俗称"两头乌"。体腹面颜色较淡,喉沙黄色,颈腹与胸部为浅棕黄色,腹部更淡,为沙黄色。四肢下段均为黑褐色。

生活习性 栖息于丘陵、山地林中,尤喜沟谷灌丛。常在山坡、河谷地上及倒木上活动,行动敏捷,亦善爬树。常居于树洞中。活动时单个或成双,以晨昏活动为主。食物主要是鼠、鸟、蛙、昆虫等,有时能袭击个体较大的獾、果子狸等。

地理分布 保护区见于上燕、乌岩岭。浙江省内分布极其稀少,现仅在乌岩岭、凤阳山-百山祖保护区有发现记录。

保护与濒危等级 国家二级重点保护野生动物;《中国生物多样性红色名录》近危(NT);《IUCN红色名录》无危(LC)。

13 黄腹鼬 香菇狼

Mustela kathiah Hodgson

目	食肉目 CARNIVORA
科	鼬科 Mustelidae
属	鼬属 *Mustela*

形态特征 体形细长,较黄鼬小,一般体长 20~30cm,四肢短。体毛和尾毛均较短,尾细长,超过体长之半。体背和腹面毛色截然不同:背面头、颈背部、尾以及四肢外侧均为栗褐色;上唇后段、下唇和颏均黄白色;颈下、胸、腹部为鲜艳的金黄色,背腹毛色界线分明;四肢内侧亦为金黄色。

生活习性 栖息于山地林缘、河谷、灌丛、草地,亦在农田、村落附近活动。清晨和夜间活动。食物以鼠类和昆虫为主。危急时能放出臭气。

地理分布 保护区见于金竹坑。现浙江省内分布数量稀少,除海岛外内陆地区有零星分布。

保护与濒危等级 浙江省重点保护野生动物;《中国生物多样性红色名录》近危(NT);《IUCN红色名录》无危(LC)。

14　黄鼬　黄鼠狼、黄狼

Mustela sibirica Pallas

目　食肉目 CARNIVORA
科　鼬科 Mustelidae
属　鼬属 *Mustela*

形态特征　体形中等,身体细长,体长一般 26~35cm,尾长 13~23cm。头细,颈较长。耳壳短而宽,稍突出毛丛。尾毛较蓬松。四肢较短,均具 5 趾。肛门腺发达。黄鼬的毛色从浅沙棕色到黄棕色,色泽较淡,绒毛相对较稀短,背毛略深,腹毛稍浅,四肢、尾与身体同色。鼻基部、前额及眼周浅褐色,略似面纹。鼻垫基部及上、下唇为白色,喉部及颈下常有白斑,但变异极大。

生活习性　栖息于山地和平原,见于林缘、河谷、灌丛和草丘中,也常出没在村庄附近。居于石洞、树洞或倒木下。夜行性,尤其是清晨和黄昏活动频繁,有时也在白天活动。通常单独行动。善于奔走,能贴伏地面前进,钻缝隙和洞穴,也能游泳、攀树和墙壁等。除繁殖期外,一般没有固定的巢穴,通常隐藏在柴草堆下、乱石堆、墙洞等处。嗅觉十分灵敏,但视觉较差。性情凶猛,常捕杀超过其食量的猎物。食性很杂,在野外以老鼠和野兔为主。

地理分布　见于保护区各地。浙江省内广泛分布。

保护与濒危等级　浙江省重点保护野生动物;《中国生物多样性红色名录》无危(LC);《IUCN 红色名录》无危(LC)。

15 鼬獾 山獾、猸子

Melogale moschata Gray

目	食肉目 CARNIVORA
科	鼬科 Mustelidae
属	鼬獾属 *Melogale*

形态特征 体形介于貂属与獾属之间,体长约35cm。鼻吻部发达,颈部粗短,耳壳短圆而直立,眼小且显著。鼬獾毛色变异较大:体背及四肢外侧浅灰褐色,头部和颈部色调较体背深;头顶后至脊背有1条连续不断的白色或乳白色纵纹。前额、眼后、耳前、颊和颈侧有不定形的白色或污白色斑。尾部针毛毛尖灰白色或乳黄色,向后逐渐增长,色调减淡。

生活习性 栖息于河谷、沟谷、丘陵、山地的森林、灌丛和草丛中,喜欢在常绿或落叶阔叶林带活动,亦在农田区的土丘、草地和烂木堆中栖息。夜行性,入夜后成对出来活动,凌晨回洞。白天一般隐居洞中,偶尔亦在洞穴周围的草木丛中休息。通常居于石洞或石缝,亦善打洞。杂食性,以蚯蚓、虾、蟹、昆虫、泥鳅、小鱼、蛙和鼠科动物等为食,亦食植物的果实和根、茎。

地理分布 见于保护区各地。浙江省内广泛分布。

保护与濒危等级 《中国生物多样性红色名录》近危(NT);《IUCN红色名录》无危(LC)。

16 狗獾 亚洲狗獾

Meles meles Linnaeu

目	食肉目 CARNIVORA
科	鼬科 Mustelidae
属	獾属 *Meles*

形态特征 体形肥壮,是鼬科中体形较大的种类,体重5~10kg,体长为50~70cm。吻鼻长,鼻端粗钝,具软骨质的鼻垫,鼻垫与上唇之间被毛;耳壳短圆,眼小。颈部粗短,四肢短健,前、后足的趾均具粗而长的黑棕色爪,前足的爪比后足的爪长,尾短。肛门附近具腺囊,能分泌臭液。体背褐色与白色或乳黄色混杂,在颜面两侧从口角经耳基到头后各有1条白色或乳黄色纵纹,中间1条从吻部到额部,在3条纵纹中有2条黑褐色纵纹相间,从吻部两侧向后延伸,穿过眼部到头后与颈背部深色区相连。耳背及后缘黑褐色,耳上缘白色或乳黄色,耳内缘乳黄色。尾背与体背同色,但白色或乳黄色毛尖略有增加。

生活习性 栖息于森林中或山坡灌丛、田野、坟地、沙丘草丛、湖泊与河溪旁等各种生境中。有冬眠习性,挖洞而居。以春、秋两季活动最盛。白天入洞休息,夜间出来寻食。杂食性,以植物的根、茎、果实和蛙、蚯蚓、小鱼、沙蜥、昆虫、小型哺乳类等为食,在草原地带喜食狼吃剩的食物,在作物播种期和成熟期为害刚播下的种子和即将成熟的玉米、花生、马铃薯、白薯、豆类、瓜类等。

地理分布 保护区见于上地、洋溪。浙江省内分布数量极少,近年仅在安吉、长兴、衢江有发现记录。

保护与濒危等级 《中国生物多样性红色名录》近危(NT);《IUCN红色名录》无危(LC)。

17 猪獾 沙獾

Arctonyx collaris F. Cuvier

目	食肉目 CARNIVORA
科	鼬科 Mustelidae
属	猪獾属 *Arctonyx*

形态特征 体形粗壮,四肢粗短,体长 50~77cm,尾长 11~19cm。吻鼻部裸露突出,似猪拱嘴,故名"猪獾"。头大颈粗,耳小,眼小,尾短。整个身体黑白两色混杂。头部正中从吻鼻部裸露区向后至颈后部有 1 条白色条纹;前部毛白色且明显,向后至颈部渐有黑褐色毛混入,呈花白色,并向两侧扩展至耳壳后两侧肩部。吻鼻部两侧面至耳壳、穿过眼为一黑褐色宽带,向后渐宽,但在眼下方有一明显的白色区域,其后部黑褐色带渐浅。下颌及颏部白色,下颌口缘后方略有黑褐色与脸颊的黑褐色相接。背毛以黑褐色为主,背毛基白色,中段黑色,毛尖黄白色;向背后方,黄白色毛尖部分加长,使背毛呈黑白两色,特别是背后部和臀部。胸、腹部两侧颜色同背色,中间为黑褐色。四肢色同腹色。尾毛长,白色。

生活习性 喜欢穴居,在荒丘、路旁、田埂等处挖掘洞穴,也侵占其他兽类的洞穴。夜行性,性情凶猛,能在水中游泳。视觉差,但嗅觉灵敏,找寻食物时常以鼻嗅闻,或以鼻翻掘泥土。杂食性,主要以蚯蚓、青蛙、蜥蜴、泥鳅、黄鳝、甲壳动物、昆虫、蜈蚣、小鸟和鼠类等动物为食,也吃玉米、小麦、土豆、花生等农作物。

地理分布 见于保护区各地。浙江省内除海岛外的内陆山区均有分布。

保护与濒危等级 《中国生物多样性红色名录》近危(NT);《IUCN红色名录》近危(NT)。

18 水獭　祖衡、水毛子、水狗

Lutra lutra（Linnaeus）

目　食肉目CARNIVORA
科　鼬科 Mustelidae
属　水獭属 *Lutra*

形态特征　体长55~70cm。吻短,眼睛稍突而圆,耳朵小,四肢短,趾(指)间具蹼。下颌中央有数根短的硬须,前肢腕垫后面长有数根短的刚毛。鼻孔和耳道生有小圆斑,潜水时能关闭,以防水入侵。体毛较长而致密,通体背部均为咖啡色,有油亮光泽;腹面毛色较淡,呈灰褐色。绒毛基部灰白色,绒面咖啡色。尾基部粗,末端渐细。

生活习性　白天隐匿在洞中休息,夜间出来活动。除交配期外,平时都单独生活。多穴居,但一般没有固定洞穴,仅母兽哺育幼仔时定居,巢穴选在堤岸的岩缝中或树根下。食物主要是鱼类,常将捉到的鱼托出水面而食,也捕捉小鸟、小兽、青蛙、甲壳动物,有时还吃一部分植物性食物。

地理分布　保护区仅有历史资料记载。浙江省内分布范围极其狭窄,数量极其稀少,现仅在定海、温岭的个别岛屿上有发现记录。

保护与濒危等级　国家二级重点保护野生动物;《中国生物多样性红色名录》濒危(EN);《IUCN红色名录》近危(NT)。

19 大灵猫　五间、九节狸、九尾狐、麝香猫、青鬃皮

Viverra zibetha Linnaeus

目　食肉目CARNIVORA
科　灵猫科 Viverridae
属　大灵猫属 *Viverra*

形态特征　体形大小与犬相似,体长71~81cm。头略尖,耳小,额部较宽阔,吻部稍突,前足第三、四趾有皮瓣构成的爪。体毛为棕灰色,带有黑褐色斑纹,口唇灰白色,额、眼周围有灰白色小麻斑。背中央至尾基有1条黑色的由粗硬鬃毛组成的纵纹,颈侧和喉部有3条显著的波状黑领纹,其间夹有白色宽纹,腹毛浅灰色。四肢较短,黑褐色,尾长超过体长的一半,尾具5~6条黑白相间的色环,末端黑色。

生活习性　生性孤独,喜夜行,机警,听觉和嗅觉都很灵敏,昼伏夜出,行动敏捷。白天隐藏在灌丛、草丛、树洞、土洞、岩穴中,晨昏开始活动。善于攀登树木,也善于游泳,为了捕获猎物经常涉入水中,但主要在地面上活动。遇敌时,可释放极臭的物质。食性较杂,动物性食物包括小型兽类、鸟类、两栖爬行类、甲壳类、昆虫等,植物性食物包括茄科植物的茎叶、桑科植物的果实及种子等。

地理分布　保护区仅有历史资料记载。浙江省内分布于浙南山区。

保护与濒危等级　国家一级重点保护野生动物;《中国生物多样性红色名录》易危(VU);《IUCN红色名录》无危(LC)。

20　小灵猫　七间狸、乌脚狸、箭猫、笔猫、斑灵猫、香狸

Viverricula indica Geoffroy

目	食肉目 CARNIVORA
科	灵猫科 Viverridae
属	小灵猫属 *Viverricula*

形态特征　外形与大灵猫相似，但较小，长 48~58cm，尾长 33~41cm，体重 2~4kg，比家猫略大。吻部尖而突出，额部狭窄，耳短而圆。尾部较长，一般超过体长。四肢健壮。基本毛色以棕灰色、乳黄色多见。眼眶前缘和耳后呈暗褐色，从耳后至肩部有 2 条黑褐色颈纹，从肩到臀通常有 3~5 条颜色较暗的背纹，背部中间的 2 条纹路较清晰，两侧的背纹不清晰。四足深棕褐色。尾巴的被毛通常呈白色与暗褐色相间的环状，尾尖多为灰白色。

生活习性　喜欢幽静、阴暗、干燥、清洁的环境。多栖息在低山森林、阔叶林的灌木层、树洞、石洞、墓室中。独居夜行性动物，昼伏夜出，性格机敏而胆小，行动灵活，会游泳，善攀缘，能爬树上捕食小鸟、松鼠或采摘果实。食性较杂，以动物性食物为主，以植物性食物为辅。动物性食物如老鼠、小鸟、蛇、蛙、小鱼、虾、蟹、蜈蚣、蝗虫等，植物性食物如野果、树根、种子等。

地理分布　保护区见于竹里、道均垟等地。浙江省内分布范围极其狭窄，数量极其稀少。近年来，全省仅乌岩岭、仙霞岭有重新发现记录。

保护与濒危等级　国家一级重点保护野生动物；《中国生物多样性红色名录》易危（VU）；《IUCN 红色名录》无危（LC）。

21 果子狸 　花面狸、白鼻狗、青猺

Paguma larvata Hamilton-Smith

目	食肉目 CARNIVORA
科	灵猫科 Viverridae
属	花面狸属 *Paguma*

形态特征　体形似家猫,从鼻后经头顶到颈背有1条纵向白纹,眼后及眼下各具小块白斑,两耳基部到颈侧各有1条白纹。四肢短,尾长而不卷曲。体毛从背部到颈背近似黑色的暗棕色,腹部浅灰白色,四肢下部和尾端色黑。体背的两侧和四肢上部暗棕色。全身既无斑点又无纵纹,尾也无色环。

生活习性　栖息于常绿或落叶阔叶林、稀树灌丛、间杂山石的稀树裸岩地。夜行性,以地面生活为主,善攀爬,能靠其灵巧的四肢和长尾在树枝间攀跳。食性杂,但以野果为主,故名"果子狸",也吃谷物、野菜及小型动物。

地理分布　见于保护区各地。浙江省山区分布较广。

保护与濒危等级　浙江省重点保护野生动物;《中国生物多样性红色名录》近危(NT);《IUCN红色名录》无危(LC)。

22 食蟹獴 石獾

Herpestes urva Hodgson

目 食肉目 CARNIVORA
科 獴科 Herpestidae
属 獴属 *Herpestes*

形态特征 体长40~84cm。吻部细尖,尾基部粗大,往后逐渐变细。体毛粗长,尤以尾毛最甚。吻部和眼周淡栗棕色或红棕色,有1道白纹自口角向后延至肩部。下颏白色。身体背面呈灰棕黄色,并杂以黑色。背毛基部淡褐色,毛尖灰白色。腹部暗灰褐色,四肢及足部黑褐色。尾背面颜色与体背略同,唯在后半段多带棕黄色。近肛门处有1对臭腺。

生活习性 栖息于海拔1000m以下的树林草丛、土丘、石缝、土穴中。喜群居。洞栖型,洞穴结构较简单,多利用树洞、岩穴或草堆做窝。能攀援上树捕捉鸟雀,但不栖息于树上。日间活动,早晨和黄昏是活动高峰,中午较少外出觅食。食性较杂,但以各种小型动物为主。

地理分布 保护区见于黄桥、双坑口等地,分布广。浙江省内分布范围狭窄,数量趋于稀少,主要分布于浙西、浙南山区。

保护与濒危等级 浙江省重点保护野生动物;《中国生物多样性红色名录》近危(NT);《IUCN红色名录》无危(LC)。

23 豹猫 狸猫、拖鸡豹、狸子

Prionailurus bengalensis Kerr

目	食肉目 CARNIVORA
科	猫科 Felidae
属	豹猫属 *Prionailurus*

形态特征 体形大小差异较大,多数与家猫相似。头形圆,通体浅棕色,头部两侧有2条黑纹,眼睛内侧有2条纵长白斑,耳背中部具有白色斑点。头部至肩部有4条黑色纵纹,中间2条断续向后延伸至尾基。颈部和两侧有数行不规则黑斑,颏下、胸、腹和四肢内侧均呈白色,并具黑色斑点。尾和体色相同,并有黑色半环,尾长超过体长的一半。

生活习性 多见于丘陵和有树丛的地区,独居或雌、雄同栖。夜行性,但在僻静之处,白天亦外出活动。以鸟为主食,亦食鼠、蛙、蛇以及野果等,偶入农舍盗食家禽,故又名"拖鸡豹"。

地理分布 保护区见于道均垟、黄桥、库竹井、石佛岭、岭北、陈吴坑、上燕、小燕、石鼓背、罗溪源、半东坑、三插溪、浏头源、牛角丘、上升、横坑、五龟湖、上地等地。浙江省分布较广。

保护与濒危等级 国家二级重点保护野生动物;《中国生物多样性红色名录》易危(VU);《IUCN红色名录》无危(LC)。

24　金猫　原猫

Pardofelis temminckii Vigors & Horsfield

目	食肉目 CARNIVORA
科	猫科 Felidae
属	云猫属 *Pardofelis*

形态特征　体长 75~110cm,尾长 40~56cm。毛色复杂多样,依体色和斑纹不同,可大略分为3个色型,即俗称的红金猫、灰金猫和花金猫。面部斑纹颇一致,颈背处均呈红棕色泽,背中线处毛色深或具纵纹。耳背面皆为黑色,耳基部周围灰黑色混杂。尾均为两色,上面似体色,下面浅白色。尾末端同为白色。两眼内角各有 1 条宽白纹,其后连接棕色纹直至后头部。棕色纹两侧各有细黑纹伴衬。面颊两侧各有 1 条两侧棕黑色的白纹,自眼下方斜伸至耳下部。

生活习性　常栖息于湿润常绿阔叶林、常绿落叶阔叶混交林中,也会生活在灌丛、草原和开阔多岩的地区。除在繁殖期成对活动外,一般独居,夜行性,以晨昏活动较多,白天栖于树上洞穴内,夜间下地活动,行动敏捷,善于攀爬,但多在地面行动。活动区域较固定,随季节变化而垂直迁移。食物主要是啮齿类、鸟类,以及麂、麝等小型鹿类。

地理分布　保护区仅有历史资料记载。浙江省内记载浙南山区有分布,现已濒临绝迹。

保护与濒危等级　国家一级重点保护野生动物;《中国生物多样性红色名录》极危(CR);《IUCN 红色名录》近危(NT)。

25　云豹　乌云豹、龟纹豹、云虎

Neofelis nebulosa Griffith

目	食肉目 CARNIVORA
科	猫科 Felidae
属	云豹属 *Neofelis*

形态特征　体长 70~110cm,尾长 70~90cm,体重雄性略大于雌性。云豹有着粗短而矫健的四肢、几乎与身体一样长而且很粗的尾巴。头部略圆,口鼻突出,爪子非常大。体色金黄色,并覆盖大块的深色云状斑纹,因此称作“云豹”。斑纹周缘近黑色,而中心暗黄色,状如龟背饰纹,故又有“龟纹豹”之称。云豹口鼻部、眼睛周围和胸腹部为白色。鼻尖粉色,有时带黑点。黑斑覆盖头脸,2 条泪槽穿过面颊,2 条狭长黑纹纵贯泪槽。圆形的耳朵背面有黑色圆点。颈背部有 4 条黑纹,中间 2 条止于肩部,外侧 2 条较粗,延续到尾基部。四肢黄色且具长形黑斑,内侧颜色黄白色,亦有少数明显的黑斑。尾毛与背部同色,基部有些纵纹,尾端有数个不完整的黑环,端部黑色。

生活习性　高度树栖性的物种,经常在树木上休息和狩猎,主要栖息于亚热带和热带山地、丘陵常绿林中,最常出现在常绿的热带原始森林,也能在次生林、红树林沼泽、草地、灌木丛和沿海阔叶林等生境中发现其身影。善攀爬,能利用粗长的尾巴保持身体平衡。通常白天在树上睡眠,晨昏和夜晚活动。常伏于树枝上守候猎物,待小型动物靠近时,能从树上跃下捕食。捕食鸟类、鱼类、猴子、鹿和啮齿动物等。

地理分布　保护区仅有历史资料记载。浙江省内记载山区有分布,现已绝迹。

保护与濒危等级　国家一级重点保护野生动物;《中国生物多样性红色名录》极危(CR);《IUCN 红色名录》易危(VU)。

26　金钱豹　豹、文豹
Panthera pardus Linnaeus

目　食肉目 CARNIVORA
科　猫科 Felidae
属　豹属 *Panthera*

形态特征　体态似虎,但只有虎的 1/3 大,为中型食肉兽类。肩高 1.2~1.4m,体长 1.9~3.1m,尾长一般超过体长的 1/4。头圆,耳短,四肢强健有力,爪锐利、伸缩性强。全身颜色鲜亮,毛色棕黄,遍布黑色斑点和环纹,形成古钱状斑纹,故称之为"金钱豹"。背部颜色较深,腹部为乳白色。

生活习性　栖息环境多种多样,从低山、丘陵至高山森林、灌丛均有分布,都是隐蔽性强的固定巢穴。体能极强,视觉和嗅觉灵敏异常,机警,既会游泳,又善于爬树,成为食性广泛、胆大凶猛的食肉类。善于跳跃和攀爬,一般单独居住,夜间或凌晨、傍晚出没。猎物主要有野狗、斑羚、马鹿、猕猴及野猪,但亦会捕猎灵猫、雀鸟、鬣狗、狮子、啮齿动物等。

地理分布　保护区仅有历史资料记载。浙江省内记载山区有分布,现已绝迹。

保护与濒危等级　国家一级重点保护野生动物;《中国生物多样性红色名录》濒危(EN);《IUCN红色名录》易危(VU)。

27　虎　老虎、大虫、山神爷、扁担花
Panthera tigris（Linnaeus）

目　食肉目 CARNIVORA
科　猫科 Felidae
属　豹属 *Panthera*

形态特征　大型猫科动物,体长可达2.8m。毛浅黄色或棕黄色,满身黑色横纹。头圆,耳短,耳背面黑色,中央有一白斑甚显著。四肢健壮有力。尾粗长,具黑色环纹,尾端黑色。

生活习性　典型的山地林栖动物,栖息地包括南方的热带雨林、常绿阔叶林,以至北方的落叶阔叶林、针阔叶混交林,在中国东北地区也常出没于山脊、矮林灌丛、岩石较多处或砾石塘等山地,以利于捕食。常单独活动,只有在繁殖季节雌、雄才在一起生活。每只虎都有自己的领地,活动范围大。无固定巢穴,多在山林间游荡寻食。能游泳。多黄昏活动,白天多潜伏休息,没有惊动则很少出来。

地理分布　保护区仅有历史资料记载。浙江省内记载山区有分布,现已绝迹。

保护与濒危等级　国家一级重点保护野生动物;《中国生物多样性红色名录》极危(CR);《IUCN红色名录》濒危(EN)。

28 毛冠鹿 青麂
Elaphodus cephalophus Milne-Edwards

目	偶蹄目 ARTIODACTYLA
科	鹿科 Cervidae
属	毛冠鹿属 *Elaphodus*

形态特征 体长在100cm以下。额部头顶有1簇马蹄状的黑色长毛,毛长约5cm,故称"毛冠鹿"。雄兽具有不开叉的角,几乎隐于额部的长毛中。尾较短。通体毛色暗褐色近黑色,颊部、眼下、嘴边色较浅,混杂苍灰色毛,耳尖及耳内缘近白色。体背至臀部呈黑褐色。腹部及尾下为白色。

生活习性 栖居在山区的丘陵地带,繁茂的竹林、竹阔混交林及茅草坡等处,春天以后多在较高的山上避暑,冬天则下到低山朝阳处避寒。草食性,食性与小鹿相似,喜食蔷薇科、百合科、杜鹃花科的植物枝叶。听觉和嗅觉较发达,尤其是眼下腺,可算是鹿类中最发达者。性情温和。白天隐居于林下灌丛或竹林中,晨昏时出来活动觅食,一般成对活动。

地理分布 保护区见于小燕、石角坑、黄桥、罗溪源、半东坑、牛角丘、上岱、椆垟等地。浙江省内主要分布于浙南、浙西森林生境良好的山林内。

保护与濒危等级 国家二级重点保护野生动物;《中国生物多样性红色名录》易危(VU);《IUCN红色名录》近危(NT)。

29 黑麂　乌金麂、蓬头麂、红头麂

Muntiacus crinifrons Sclater

目　偶蹄目 ARTIODACTYLA
科　鹿科 Cervidae
属　麂属 *Muntiacus*

形态特征　体长 100~110cm，肩高 60cm 左右，体重 21~26kg。冬毛上体暗褐色；夏毛棕色成分增加。尾较长，一般超过 20cm，背面黑色，尾腹及尾侧毛色纯白，白尾十分醒目。眼后的额顶部有簇状鲜棕色、浅褐色或淡黄色的长毛，有时能把 2 只短角遮得看不出来，"蓬头麂"之名就是从此而来的。

生活习性　胆小怯懦，大多在早晨和黄昏活动，白天常在大树根下或石洞中休息，稍有响动立刻跑入灌木丛中隐藏起来，其在陡峭的地方活动时有较为固定的路线，常踩踏出 16~20cm 宽的小道，但在平缓处则没有固定的路线。早春时常在茅草丛中寻找嫩草；夏季生活于地势较高的林间，常在阴坡或水源附近；冬季则向下迁移，在有积雪时被迫下迁到山坡下的农田附近，大多在阳坡活动。

地理分布　保护区见于飞来瀑、大树林、南极岗等地。浙江省是我国黑麂的集中分布中心，主要分布于浙西、浙南山区。

保护与濒危等级　国家一级重点保护野生动物；《中国生物多样性红色名录》濒危（EN）；《IUCN红色名录》易危（VU）。

30 小麂 黄麂

Muntiacus reevesi Ogilby

目 偶蹄目 ARTIODACTYLA
科 鹿科 Cervidae
属 麂属 *Muntiacus*

形态特征 麂类中体形最小的一种,体长 70~87cm。尾巴较长。脸部较短而宽,额腺短而平行。在颈背中央有1条黑线。雄性具角,但角又短小,角尖向内向下弯曲。眶下腺大,呈弯月形的裂缝,其后端向后弯曲的浅沟直至眼窝的前缘,另一端稍向脸部前方的中部略呈S形,弯向裂缝的中部。弯月形的裂缝中部深度较两端浅。小麂的个体毛色变异较大,由栗色以至暗栗色都有,身体两侧较暗黑,脚为黑棕色,面颊暗棕色,喉部发白略呈淡栗黄色,颈背黑线或不明显。雌兽的前额毛色为暗棕,耳背呈黑色。雄兽的前额为鲜艳的橙栗色,耳背呈暗棕色。

生活习性 栖息在丘陵山地的低谷或森林边缘的灌丛、杂草丛中。性怯懦,且孤僻,营单独生活,很少结群,其活动范围小,经常游荡于其栖息处附近,常出没在森林四周或粗长的草丛周围,很少远离其栖息地。听觉敏锐,受惊时猛撞进高草丛或繁茂的森林中,能巧妙地隐蔽自己而得到保护。多昼间活动,以晨曦和傍晚活动最为频繁,其叫声虽似犬吠,但音调较高。它取食多种灌木、树木和草本植物的枝叶、嫩叶、幼芽,也吃花和果实。

地理分布 保护区内广泛分布。浙江省分布范围广,数量较多。

保护与濒危等级 《中国生物多样性红色名录》易危(VU);《IUCN红色名录》无危(LC)。

31 中华斑羚 华南山羚、灰斑羚、华北山羚、西伯利亚斑羚、川西斑羚

Naemorhedus griseus（Milne-Edwards）

目	偶蹄目 ARTIODACTYLA
科	牛科 Bovidae
属	斑羚属 *Naemorhedus*

形态特征　个体中等大小，外形似家养山羊，体长一般长于1m。被毛深褐色、淡黄色或灰色，表面覆盖少许黑色针毛，具有短的深色鬃毛和1条粗的深色背纹。四肢色浅，与体色对比鲜明，有时前肢红色且具黑色条纹。喉部浅色斑的边缘为橙色，颏深色，腹部浅灰色，尾不长但有丛毛。雄性体形明显大于雌性，身体灰褐色，雌、雄都长角，雄性的角长。

生活习性　栖息于高海拔陡峭及多岩石的山区。一般数只或10多只一起活动，其活动范围不超过林线上限。结小群活动，年老雄性通常独居。以草、灌木枝叶、坚果和水果为食，还可取食苔藓和地衣。

地理分布　现保护区仅有历史资料记载，但重新发现的概率非常大。浙江省内分布范围狭窄，现仅分布于永嘉、莲都、仙居地。

保护与濒危等级　国家二级重点保护野生动物；《中国生物多样性红色名录》易危（VU）；《IUCN红色名录》易危（VU）。

32 中华鬣羚 苏门羚、野山羊

Capricornis milneedwardsii David

目 偶蹄目 ARTIODACTYLA
科 牛科 Bovidae
属 鬣羚属 *Capricornis*

形态特征 外形似羊,略比斑羚大,雄兽和雌兽之间的大小差别不显著,雌、雄均有1对短而尖的黑角,自角基至颈背有灰白色鬣毛,甚为明显。颈背有鬣毛,吻鼻部黑色。身体的毛色较深,以黑色为主,杂有灰褐色毛,毛基为灰白色或白色。暗黑色的脊纹贯穿整个脊背。嘴唇、颌部污白色或灰白色。前额、耳背沾有深浅不一的棕色。四肢的毛为赤褐色,向下转为黄褐色。尾巴不长,与身体的色调相同。

生活习性 栖息于针阔叶混交林、针叶林或多岩石的杂灌林,偶尔也到草原活动,生活环境有两个突出特点:一个是树林、竹林或灌丛十分茂密,另一个是地势非常险峻。性情比较孤僻,除了雄兽总是单独活动以外,雌兽和幼仔最多结成4~5只的小群,从不见较大的群体。早晨和傍晚出来在林中空地、林缘或沟谷一带摄食、饮水,主要以青草、树木嫩枝、叶、芽、落果、菌类、松萝等为食。

地理分布 保护区见于道均垟、石角坑、石鼓背、溪斗、三插溪等地。浙江省内除海岛外的生境良好的森林山地均有分布。

保护与濒危等级 国家二级重点保护野生动物;《中国生物多样性红色名录》易危(VU);《IUCN红色名录》近危(NT)。

33　中华鼠耳蝠　大鼠耳蝠、檐老鼠、飞鼠

Myotis chinensis Tomes

目	翼手目 CHIROPTERA
科	蝙蝠科 Vespertilionidae
属	鼠耳蝠属 *Myotis*

形态特征　体形在鼠耳蝠属中较大,前臂长61~70mm。耳长,前折可触及吻端,耳屏长而直,内缘呈突出弧形,外缘中段以上不凹。翼膜宽大,直至趾基部。股间膜基部的毛发达,腹面皮肤呈线性皱褶。尾长,略突出股间膜外,但不超过体长。距短而细。被毛短而密。体背乌褐色,腹部灰褐色,毛尖色淡。

生活习性　栖息于大岩洞中,单只或数只悬挂在岩洞顶壁。有时与大足鼠蝠组成数十或数百只的混合群。夜行性,捕食昆虫。冬眠期短且较浅睡,易受惊起飞。10月交配,翌年6月产仔,哺乳期约20天。

地理分布　现保护区仅有历史资料记载,但重新发现的概率非常大。浙江省内分布于杭州、金华、衢州、丽水等地。

保护与濒危等级　《中国生物多样性红色名录》近危(NT);《IUCN红色名录》无危(LC)。

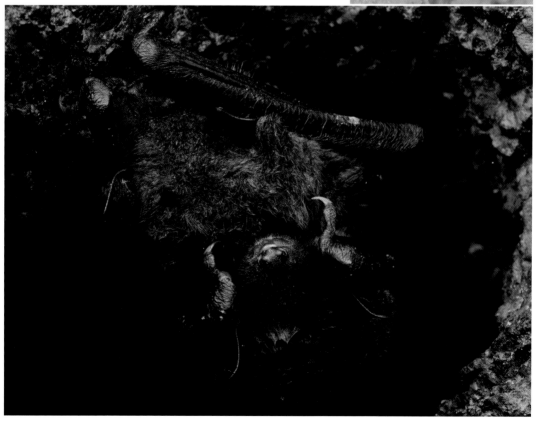

34 **亚洲长翼蝠**　普通长翼蝠、褶翼蝠、长指蝠、
　　　　　　　　折翼蝠、长翼蝠

目　翼手目 CHIROPTERA
科　蝙蝠科 Vespertilionidae
属　长翼蝠属 *Miniopterus*

Miniopterus fuliginosus（Hodgson）

形态特征　体形较大,前臂平均长 48mm,翼窄长。体毛短而呈丝绒状,耳短圆,顶部平齐,耳
屏小而细长,但长度仅为耳长之半。背毛为黑褐色,毛基色深于毛尖,腹毛灰黑色,毛端浅褐
色。第 3 指的第 2 指节较长,为第 1 指节的 3 倍以上。翼膜固定于踝部,无距缘膜。尾长几与
体长相等。

生活习性　栖息于大岩洞中,多为群居,每群由几十只至上千只组成。寒冷季节大多南迁,
少数就地入眠,翌年 4 月出眠。黄昏外出觅食,以各种昆虫为食。秋末交配,翌年 6—8 月
产仔。

地理分布　保护区内见于双坑口。浙江省内分布范围较广。

保护与濒危等级　《中国生物多样性红色名录》近危(NT);《IUCN红色名录》无危(LC)。

◆ 第二节 鸟 类

35 鹌鹑 赤喉鹑、红面鹌鹑

Coturnix japonica Temminck & Schlegel

目　鸡形目 GALLIFORMES
科　雉科 Phasianidae
属　鹌鹑属 *Coturnix*

形态特征 体小(体长约20cm)而滚圆的灰褐色雉类。雌、雄近似;雄鸟脸至喉为醒目的红褐色,白眉线长而明显,有白色细中央线。上体深褐色,带有褐、黑色横纹及皮黄色条纹。胸及胁红褐色,带有黑斑及白色粗纵纹,腹至尾下覆羽皮黄色。雄鸟非繁殖羽颊及喉部转白,喉部有红褐色喉带。雌鸟非繁殖羽似雄鸟,但颈侧有较多黑色且具明显黑褐色粗纵斑,喉部无红褐色喉带。飞行时,体背可见白色纵纹。虹膜红褐色,嘴铅灰色,脚肉色。

生活习性 冬候鸟,在浙江省4—11月可见该鸟。栖息于干旱平原草地、低山丘陵、山脚平原、溪流岸边和疏林空地,常在干燥平原或低山山脚地带的沼泽、溪流或湖泊岸边的草地、灌丛地带活动,有时也出现在耕地、地边树丛与灌丛中。迁徙时多集群,常成对活动,夜晚栖息于树枝上。主食植物性食物,如各种杂草种子,植物幼芽、嫩叶以及少量作物,有时也吃昆虫。

地理分布 保护区内见于小燕。浙江省内广泛分布。

保护与濒危等级 《中国生物多样性红色名录》无危(LC);《IUCN红色名录》近危(NT)。

36　白眉山鹧鸪　山鹁鸪

Arborophila gingica（Gmelin，JF）

形态特征　中等体形（体长约30cm）的灰褐色山鹧鸪。雄鸟额和头顶前部白色，在两侧向后延伸成白色带黑点的眉纹，直至后颈；头顶栗色，枕部、颈部栗褐色，后颈带有黑斑，各羽都带有鲜黄和白色斑；耳羽黑褐色；背部至尾部橄榄褐色，腰和尾上覆羽末端有一椭圆形黑斑；尾羽橄榄褐色，并带有黑色斑纹；肩羽与背同色，翅上覆羽栗色，带有大形橄榄灰褐色斑；飞羽暗褐色，次级飞羽外翈缘淡栗色。颏、喉锈红色，下喉有白色横带；胸及两胁铁灰色，两胁羽缘有栗色斑纹；腹白色；尾下覆羽浅黑色。雌鸟与雄鸟相似，但后颈基部橙栗色；尾下覆羽栗色和白色，羽基略带浅黑色。虹膜暗褐色；嘴黑色；脚鲜红色，爪红褐色。

生活习性　留鸟。栖息于海拔1000m以下低山丘陵地带的山地阔叶林、针阔叶混交林、灌丛及竹林内，尤以溪边潮湿阴郁的丛林内较多。常在林下茂密的植物丛或林缘灌丛地带活动。常成对活动，冬季集成小群。4—6月繁殖，产卵于灌丛或大树下落叶层的低洼处。食物以种子、浆果、昆虫等为主。

地理分布　保护区内见于三插溪、石佛岭、石鼓背、金刚厂、双坑口、岭北、小燕、石角坑、上岱、库竹井等地。浙江省内分布于衢州、丽水和温州。

保护与濒危等级　国家二级重点保护野生动物；《中国生物多样性红色名录》易危（VU）；《IUCN红色名录》近危（NT）。

37 黄腹角雉 角鸡、吐绶鸡

Tragopan caboti（Gould）

目	鸡形目 GALLIFORMES
科	雉科 Phasianidae
属	角雉属 *Tragopan*

形态特征 体大（体长约61cm）而尾短的鸡。雄鸟额、头顶和颈均黑色，羽冠前部黑色，后转为深橙红色；耳羽黑色，并向后延伸至后颈，向下延伸至肉裙的周围；颈的两侧深橙红色。脸裸出部分橙黄色；头上有1对淡蓝色肉角；喉下肉裙中央橙黄色，带紫色斑，边缘钻蓝色，两侧分布黄色块斑。背部、腰部、尾上覆羽、翅上覆羽均呈棕黄色、砖红色与黑色相杂状，各羽都带有眼状棕色斑，羽缘为砖红色，尾上覆羽的眼状棕色斑更大；飞羽暗褐色，带有黄斑，外翈黄斑较多；尾羽黑褐色，密布黄斑，并带有宽阔的黑端；下体为棕黄色；胁和尾下覆羽带黑色和砖红色色斑。雌鸟通体呈暗灰褐色，而满杂以黑色和棕白色虫蠹状细纹；

头顶黑色较多；尾上黑色呈横斑状；下体较淡，白斑较多，下腹中央纯白色，尾下覆羽灰白色。虹膜棕褐色；嘴灰色；跗跖粉红色。

生活习性 留鸟。主要栖息于海拔1200~1400m常绿阔叶林和针阔叶混交林内，冬季下迁至300~1000m。喜林下有较厚枯枝落叶层的空旷地，以地面活动为主，夜宿于树上。3月初开始陆续进入繁殖期，巢多置于针叶树或大乔木的水平枝靠基干处。雄鸟在求偶时喉下的肉裙膨胀下垂，呈现鲜艳的朱红色，翠蓝色的条纹纵横交错，此行为称为"吐绶"，因此，黄腹角雉也称作"吐绶鸡"。主要以植物的种子、果实、叶和花为食，兼食少量的小型无脊椎动物。

地理分布 保护区见于上芳香、黄连山、白云尖、小燕、岭北、陈吴坑、石角坑、石鼓背、上燕等地。浙江省内主要分布于浙中、浙南山区。

保护与濒危等级 国家一级重点保护野生动物；《中国生物多样性红色名录》濒危（EN）；《IUCN红色名录》易危（VU）。

38　勺鸡　刁鸡、松鸡

Pucrasia macrolopha（Lesson，R）

目	鸡形目 GALLIFORMES
科	雉科 Phasianidae
属	勺鸡属 *Pucrasia*

形态特征　体大（体长约 61cm）而尾相对短的雉类。雄鸟头呈金属暗绿色，头顶有棕褐色和黑色长形冠羽，颈部两侧各有一白斑；上体羽毛多呈披针形，灰色，带有黑色纵纹；尾为楔形，中央尾羽特长；下体中央至下腹深栗色。雌鸟体羽主要为棕褐色，头顶也带有羽冠，但比雄鸟的更短，耳羽后下方有淡棕白色斑；下体为淡栗黄色，羽干纹白色。虹膜褐色，嘴黑褐色，脚暗红褐色。

生活习性　留鸟。栖息于阔叶林、针阔叶混交林和针叶林中，尤其喜欢湿润、林下植被发达、地势起伏不平而又多岩石的混交林地带，有时也出现于林缘灌丛和山脚灌丛地带。白天在地面活动，晚间上树；清晨常在夜宿树上或岩石上鸣叫，声音洪亮，略带沙哑。4月开始繁殖。营巢于地面，以干草、枯枝落叶为巢材。以各种植物的种子、果实、嫩茎为主要食物。

地理分布　保护区见于碑排、上岱、乌岩尖、上芳香、道均垟、黄桥、黄家岱、岭北、上燕、石角坑、上地等地。浙江省内分布于大部分山区。

保护与濒危等级　国家二级重点保护野生动物；《中国生物多样性红色名录》无危（LC）；《IUCN红色名录》无危（LC）。

39　白鹇　白山鸡、长尾白山鸡、银鸡、银雉

Lophura nycthemera（Linnaeus）

目　鸡形目 GALLIFORMES
科　雉科 Phasianidae
属　鹇属 *Lophura*

形态特征　大型雉类（雄鸟体长约 100cm，雌鸟体长约 60cm）。雄鸟额、头顶和羽冠为蓝黑色，耳羽灰白色；脸的裸出部分为赤红色；上体与两翼均为白色，布满整齐的 V 形黑纹；初级飞羽的外缘黑纹较浅，略带棕褐色，羽干棕褐色，次级飞羽的羽干黑白相间；翅上覆羽的羽干白色；尾甚长，尾羽白色，仅外翈基部到中部带有波状黑纹；外侧尾羽两侧均带黑纹；颏、喉、胸、腹、尾下覆羽等均为蓝黑色；颏、喉和下腹部近黑褐色。雌鸟通体棕褐色，枕冠先端为黑褐色；初级飞羽棕褐色，内翈暗褐色，次级飞羽外翈密布黑点；中央尾羽棕褐色，外侧尾羽黑褐色，满布白色波状斑；颏和喉橄榄棕色，腹部略带虫蠹状黑纹，尾下覆羽黑褐色带有淡棕色白斑。雄鸟虹膜橙黄色，雌鸟虹膜红褐色；嘴淡黄色；脚红色。

生活习性　留鸟。主要栖息于海拔 1600m 以下的亚热带常绿阔叶林中，尤以森林茂密、林下植物稀疏的常绿阔叶林和沟谷雨林较为常见，亦出现于针阔叶混交林和竹林内。一般集小群活动，警觉性高，白天在地面活动，夜宿树上。4 月进入繁殖期。营地面巢，以枯枝落叶和蕨类植物的茎、叶等为巢材。以各种浆果、嫩叶、草籽及苔藓等为主要食物，亦食少量昆虫。

地理分布　见于保护区各地。浙江省内分布于大部分山区。

保护与濒危等级　国家二级重点保护野生动物；《中国生物多样性红色名录》无危（LC）；《IUCN 红色名录》无危（LC）。

40 白颈长尾雉 地花鸡、地鸡、花山鸡、横纹背鸡

Syrmaticus ellioti（Swinhoe）

目　鸡形目 GALLIFORMES
科　雉科 Phasianidae
属　长尾雉属 *Syrmaticus*

形态特征　大型雉类（雄鸟体长约81cm，雌鸟体长约45cm）。雄鸟额、头顶、枕部淡橄榄褐色，眉羽基部白色，端部褐色，耳羽淡褐色；后颈蓝灰色，颈侧灰白色；脸裸出部分鲜红色；上背栗色，带有金黄色羽端和黑色次端斑；下背、腰和尾上覆羽黑色带有辉蓝色光泽；尾上覆羽以及尾羽呈橄榄灰色，带有宽阔的栗色横

斑，尾上覆羽的灰色部分有黑色细点；腹部棕白色；胁羽栗色；尾下覆羽黑色。雌鸟额、头顶、枕部栗褐色，各羽都带有淡栗色羽端，前额和头顶两侧色稍淡，耳羽棕褐色；脸裸出部分红色；眼前、眼上黑色；鼻孔后至眼下有棕白色斑纹；颈侧沙褐色，后颈灰褐色；背羽黑色带有浅栗色横斑，羽端沙褐色，上背有白色矢状羽干斑；中央尾羽与下背、尾上覆羽同色，带有黑褐色斑点；翅上覆羽棕褐色，布有黑色斑点；颏沙褐色，喉和前颈黑色；胸及两胁浅棕褐色，布有黑色斑，羽端白色；下体余部白色。虹膜褐色至浅栗色；嘴黄褐色；脚蓝灰色。

生活习性　留鸟。主要栖息于海拔1000m以下的低山丘陵地区的阔叶林、混交林、针叶林、竹林和林缘灌丛地带，其中尤以阔叶林和混交林最为主要，冬季有时可下到海拔500m左右的疏林灌丛地带活动。白天在地面活动，傍晚在树上休息。4—6月繁殖，繁殖期交配后雌鸟自行筑巢、孵卵、觅食，而雄鸟在繁殖地过游荡生活。营巢于较隐蔽的林内和林缘的岩石下，亦见于灌木丛中。营地面巢，巢结构简单，用枯枝落叶构成盘状凹。以植物性食物为主，喜食豆荚、种子、浆果、嫩叶以及少量作物，亦可取食一定量的昆虫。

地理分布　保护区见于竖半天、上芳香、石鼓背、金竹坑、金刚厂、陈吴坑、石角坑、小燕等地。浙江省内分布于湖州、杭州、金华、衢州、温州、丽水等地。

保护与濒危等级　国家一级重点保护野生动物；《中国生物多样性红色名录》易危（VU）；《IUCN红色名录》近危（NT）。

41 豆雁 大雁、东方豆雁、麦鹅、普通大雁

Anser fabalis（Latham）

目　雁形目 ANSERIFORMES
科　鸭科 Anatidae
属　雁属 *Anser*

形态特征 体形大（体长约80cm）的灰色雁。雌、雄近似，头、颈棕褐色；肩、背灰褐色，各羽边缘较淡，呈黄白色；腰黑褐色；翅上覆羽和三级飞羽与背同色；初级覆羽黑褐色，羽缘黄白色；初级和次级飞羽黑褐色，最外侧几枚飞羽的外羽片灰色；尾上覆羽纯白色；尾羽黑褐色，羽端白色；喉和胸淡棕褐色，两胁有灰褐色横斑；腹污白色；尾下覆羽白色。虹膜褐色；嘴甲圆形，端部略尖，呈黑色，嘴基黑色，鼻孔前端与嘴甲之间有一黄色横斑，此斑在嘴的两侧缘向后延伸几至嘴角，形成1条狭窄橙黄色带斑；脚橙黄色，爪黑色。

生活习性 冬候鸟。约在11月迁飞到浙江省，翌年4月离去。繁殖期栖息于近北极地区的泰加林和森林沼泽区域，非繁殖期喜集群于农田、湖泊、泻湖、沼泽、河流、水库等水域，数十只至上百只在一块觅食或栖息。飞行时，常见在高空排成V形或"一"字形的雁阵。喜食农作物、杂草的种子及其他植物的幼苗、根、茎之类的食物。

地理分布 保护区见于三插溪。浙江省内分布于杭州、绍兴、宁波、衢州、温州、丽水等地。

保护与濒危等级 浙江省重点保护野生动物；《中国生物多样性红色名录》无危（LC）；《IUCN红色名录》无危（LC）。

42 白额雁 鸿大雁、花斑、明斑

Anser albifrons（Scopoli）

目 雁形目 ANSERIFORMES
科 鸭科 Anatidae
属 雁属 *Anser*

形态特征 体大（体长约75cm）的灰色雁，略小于豆雁。雌、雄体色相似。额和上嘴基部有1道白色宽阔带斑，白斑的后缘黑色；头顶和后颈暗褐色；背、肩、腰等暗灰褐色，各羽边缘较淡，近白色；翅上覆羽和三级飞羽与背同色；初级覆羽灰色；外侧次级覆羽灰褐色，羽缘较淡；初级飞羽黑褐色，最外侧的几枚飞羽外羽片带灰色；尾亦黑褐色，尾尖白色；尾上覆羽纯白色；颊暗褐色，其前端有一小块白斑；头侧、前颈及上胸灰褐色，向后渐淡；腹污白色，杂以不规则块斑，两胁灰褐色，羽端近白色；

肛周及尾下覆羽白色。虹膜褐色；嘴肉色或玫瑰肉色，嘴甲淡；脚橄榄黄色，爪淡白色。幼鸟额上的白色块斑较小或不很明显；腹部黑褐色块斑甚少。

生活习性 冬候鸟。在11—12月迁至浙江省境内越冬，翌年3—4月迁走。非繁殖期多栖息于多水草或草地的开阔农田、沼泽、平原、湖泊、水库和河流等生境中，多与其他雁类混群。飞行时敏捷、灵活，且时不时发出高音的鸣叫声。主要以各种湖草为食，有时也吃谷类、种子、根、茎及各种小秋作物的幼叶、嫩芽等。

地理分布 保护区见于三插溪。浙江省内近海、临江一带均有分布。

保护与濒危等级 国家二级重点保护野生动物；《中国生物多样性红色名录》无危（LC）；《IUCN红色名录》无危（LC）。

43 鸳鸯 邓木鸟、官鸭、匹鸟

Aix galericulata (Linnaeus)

目　雁形目 ANSERIFORMES
科　鸭科 Anatidae
属　鸳鸯属 *Aix*

形态特征　体小(体长约40cm)而色彩艳丽的鸭类。雄性成鸟繁殖羽额和头顶中央羽翠绿色,并带金属光泽,枕部铜赤色,与后颈的暗紫色和暗绿色的长羽等组成羽冠;头顶两侧眉纹纯白色,向后延伸构成羽冠的一部分;眼先淡黄色;颊棕栗色;颈侧领羽细长如矛,呈辉栗色,羽轴淡黄色;颏、喉等为纯栗色;背和腰暗褐色,并有铜绿色金属光泽;内侧肩羽紫蓝色,外侧数枚纯白色,并带有绒黑色的黑边;翅上覆羽与背部同色;三级飞羽黑褐色,最后1枚外羽片呈金属蓝绿色,先端栗黄色,内羽片扩大成扇状,直立如帆;尾羽暗褐色而带金属绿色;上胸和胸侧带有暗紫色金属光泽;下胸两侧绒黑色,并有2条明显的白色半圆形带斑,下胸和尾下覆羽乳白色。雌性成鸟繁殖羽头顶无羽冠;头和颈的背面灰褐色,眼周和眼后有1条纵纹白色,头和颈的两侧浅灰褐色;颏、喉均为白色;上体余部橄榄褐色,至尾转为暗褐色;两翅羽色与雄鸟相似,但无金属光泽;胸侧与两胁棕褐色,而杂以暗色斑;腹和尾下覆羽纯白色。

生活习性　冬候鸟。约在每年10月下旬抵达浙江省,至翌年3—4月迁飞。栖息于多林地的河流、湖泊、沼泽和水库中,非繁殖期成群活动于清澈河流与湖泊水域,通常不潜水,也常在陆地上活动,夜栖于高大的阔叶树上。有小种群在浙江省繁殖,繁殖时在树洞中营巢。性机警,遇惊立即起飞。杂食性,以植物性食物为主,如草籽、玉米、稻谷,繁殖期也吃一些动物性食物,如蛙类、鱼类、昆虫等。

地理分布　保护区见于三插溪、双坑口、里光溪。浙江省广布。

保护与濒危等级　国家二级重点保护野生动物;《中国生物多样性红色名录》近危(NT);《IUCN红色名录》无危(LC)。

44 绿翅鸭　巴鸭、小凫、小水鸭

Anas crecca Linnaeus

目	雁形目 ANSERIFORMES
科	鸭科 Anatidae
属	鸭属 *Anas*

形态特征　体小（体长约37cm）、飞行快速的鸭类。雄鸟头和颈部深栗色，自眼周向后有黑褐色带紫绿光辉的宽阔带斑，带斑与深栗色部分之间以及上嘴基部至眼前等处有浅棕近白色的细纹；上背、肩与两胁等处都有黑白相间的虫蠹状细纹；两翼暗灰褐色，翼镜内侧绿色，外侧黑色有绒布质地的反光；胸部棕白色，满布黑褐色点斑；腹部白色沾棕，下腹略带黑褐色虫蠹状细纹。雌鸟头顶和后颈棕色，有黑色粗纹；头侧棕白色，黑纹较细；颏、喉污白色，有褐色点斑；背面黑褐色，带有棕黄色V形细斑和棕白色羽缘；两翅与雄鸟相似，但翼缘较小；下体白色沾棕，两胁有褐色V形斑，下腹有不明显的褐色斑。虹膜淡褐色；嘴黑色，下嘴较淡；跗跖棕褐色；爪黑色。

生活习性　冬候鸟。从10月初开始迁飞到浙江省越冬，翌年4—5月离去。栖息于河流、水库、水田、池塘、沼泽、沙洲、海湾和滨海湿地等水域，大多集群活动，也常与其他小型河鸭混群。杂食性，喜食稻谷、麦类、水草、杂草种子和小型水生动物。

地理分布　保护区见于三插溪。浙江省广布。

保护与濒危等级　浙江省重点保护野生动物；《中国生物多样性红色名录》无危（LC）；《IUCN红色名录》无危（LC）。

45 绿头鸭 沉凫、官鸭、青边、野鹜

Anas platyrhynchos Linnaeus

目　雁形目 ANSERIFORMES
科　鸭科 Anatidae
属　鸭属 *Anas*

形态特征　中等体形(体长约58cm)的鸭类,为家鸭的野生型。雄鸟头和颈部暗绿色,并带有强烈的金属光泽,颏部近黑色,颈基有宽10余毫米的白色领环;上背和两肩满布褐色与灰色相间的虫蠹状细斑;下背黑褐色;腰及尾上覆羽绒黑色;中央2对尾羽黑色,向上卷曲如钩状,外侧尾羽灰褐色;翼镜蓝色,有强光泽,前、后缘绒黑色并有白色宽边;上胸栗色,羽缘浅棕色;下胸两侧、两胁及腹淡灰白色,满布细小的褐色虫蠹状斑纹或点状斑;尾下覆羽绒黑色。雌鸟头顶和枕黑色,杂有棕黄色的条纹;头侧、颈侧和后颈棕黄色而杂有黑褐色纵纹;上体黑褐色,布有棕黄色的羽缘和V形斑,两翅羽色与雄鸟相似;颏、喉和前颈浅棕红色;胸部棕色,带有暗褐色斑;腹及两胁浅棕色,散布褐色的斑块或条纹。虹膜棕褐色;雄鸟嘴橄榄绿色,嘴甲黑色或黑褐色,跗跖红色;雌鸟嘴端暗棕黄色,跗跖橙黄色;爪黑色。

生活习性　冬候鸟。每年从11月初开始即陆续迁至浙江越冬,约于翌年4月离去。主要栖息于淡水湖泊、河流、水库、沼泽和河口等地带。常十余只、几十只结群栖息。清晨、黄昏或夜间在浅水处、沼泽地、农田等处觅食。食性较杂,以植物的叶、芽、茎、种子及昆虫、软体动物等为食。

地理分布　保护区见于三插溪及里光溪。浙江省广布。

保护与濒危等级　浙江省重点保护野生动物;《中国生物多样性红色名录》无危(LC);《IUCN红色名录》无危(LC)。

46 斑嘴鸭 稗鸭、大燎鸭、谷鸭、黄嘴尖鸭

Anas zonorhyncha Swinhoe

目	雁形目 ANSERIFORMES
科	鸭科 Anatidae
属	鸭属 Anas

形态特征 体大(体长约60cm)的深褐色鸭。雌、雄体色近似。雄鸟额、头顶和枕部暗褐色;自嘴基有暗褐色带纹贯眼至耳区;眉纹黄白色;颊和颈侧黄白色,夹杂暗褐色小斑点;上背暗灰褐色;下背褐色;腰及尾上覆羽黑褐色;尾羽黑褐色;初级飞羽棕褐色;次级飞羽内翈黑褐色,外翈蓝绿色,翼镜蓝绿色且带有紫色光泽,羽端有黑色宽带,边缘白色;三级飞羽暗褐色,外翈带有宽而明显的白边;翅上覆羽暗褐色,羽端近灰白色;大覆羽暗褐色,端部黑色,暗褐色与黑色之间有白色狭纹,构成翼镜的前缘;颏和喉黄白色;胸淡棕白色而杂有褐色斑;腹褐色,向右逐渐转为暗褐色;尾下覆羽近黑色。雌鸟羽色似雄鸟,但褐色略淡。虹膜黑褐色,外圈橙黄色;嘴蓝黑色,先端橙黄色,嘴甲先端稍带黑色;跗跖橙黄色。

生活习性 冬候鸟。在浙江省的越冬期较长,最早10月抵达,最晚翌年5月后离开。主要栖息在内陆各类大小湖泊、水库、江河、水塘、河口、沙洲和沼泽地带。常数只、几十只甚至上百只结群。以植物性食物为主,如稻谷、草籽及其他植物的嫩叶、根、茎,有时也吃些昆虫和螺类等。

地理分布 保护区见于三插溪。浙江省广布。

保护与濒危等级 浙江省重点保护野生动物;《中国生物多样性红色名录》无危(LC);《IUCN红色名录》无危(LC)。

47 红翅绿鸠 白腹楔尾鸠、白腹楔尾绿鸠

Treron sieboldii（Temminck）

目	鸽形目 COLUMBIFORMES
科	鸠鸽科 Columbidae
属	绿鸠属 *Treron*

形态特征　中等体形（体长约33cm）的绿鸠。雌、雄近似。雄鸟额黄绿色，头部橄榄绿色；背、腰暗绿色；尾上覆羽及中央尾羽橄榄绿色；外侧尾羽基部橄榄绿色，端部有黑色横斑；翼上小、中覆羽有栗褐色斑块；初级覆羽、初级飞羽和次级飞羽呈亮黑色；颏、喉淡黄色；尾下覆羽乳黄色，并有灰绿色的斑纹，有数枚很长的带有灰绿色羽干纹，腋羽灰色；胁羽灰绿色。雌鸟体形较雄鸟小，翼上无栗褐色斑块，上体橄榄绿色比雄鸟更暗，胸部深黄绿色。虹膜棕红色；嘴基部暗绿色，嘴尖暗绿色，跗跖紫红色，爪端黑褐色。

生活习性　旅鸟，在浙江为罕见种。栖息于海拔1600m以下的山地针叶林和针阔叶混交林中，有时也见于林缘耕地。常见单只至三五只在山区森林或多树地带活动，飞行快而直，能在飞行中突然改变方向，飞行时两翅煽动快而有力。多在树木上层觅食，食物主要为浆果以及其他野果、草籽。

地理分布　保护区见于双坑口。浙江省内罕见旅鸟，杭州、舟山、宁波、温州等地有发现记录。

保护与濒危等级　国家二级重点保护野生动物；《中国生物多样性红色名录》无危（LC）；《IUCN红色名录》无危（LC）。

48　斑尾鹃鸠　　花斑咖追

Macropygia unchall（Wagler）

目	鸽形目 COLUMBIFORMES
科	鸠鸽科 Columbidae
属	鹃鸠属 *Macropygia*

形态特征　体大（体长约38cm）而尾长的褐色鹃鸠。雌、雄近似。雄性成鸟额、眼先、颊、颏、喉等均呈皮黄色；头顶、后颈及颈侧等呈显著金属绿紫色；上体其余部分，包括翅上的小、中覆羽及数枚内侧飞羽等均为黑褐色，布有栗色细横斑；两翅其余部分暗褐色；中央尾羽与背同色；外侧尾羽转为暗灰色，并带有黑色次端斑；上胸红铜色，有绿色金属光泽；下胸浅淡；腹部淡棕白色；尾下覆羽较显棕色。雌性成鸟上体金属羽色较淡；头顶与胸都布有黑褐色细横斑。虹膜蓝色，外圈粉红色；嘴黑色；跗跖暗红色，爪暗褐色。

生活习性　留鸟，栖息于山地森林中，冬季也常出现于低山丘陵和山脚平原地带的农田。通常成对，偶尔单独活动。繁殖期5—8月，繁殖季节较多鸣叫，成对营巢于茂密的森林中，有时也在竹林中营巢，通常置巢于树枝上或竹枝上。食物大都为野果，特别是浆果和无花果，兼吃稻谷、草籽等。

地理分布　保护区见于双坑口。浙江省内仅记录于丽水、温州。

保护与濒危等级　国家二级重点保护野生动物；《中国生物多样性红色名录》近危（NT）；《IUCN红色名录》无危（LC）。

49　红翅凤头鹃　红翅凤头额咕

Clamator coromandus（Linnaeus）

目　鹃形目 CUCULIFORMES
科　杜鹃科 Cuculidae
属　凤头鹃属 *Clamator*

形态特征　体形较大（体长约 45cm）的棕色杜鹃。雄鸟夏羽额、头侧黑色,羽冠蓝黑色并带有金属光泽,后颈有白色半环带,中央布有灰色斑;肩、上背、内侧飞羽及覆羽为带有光泽的暗绿色;下背、尾上覆羽转为蓝黑色,中央尾羽略带紫色,外侧尾羽末端白色;飞羽除内侧数枚外,其余大多为栗红色,翅端灰褐色;颏、喉、上胸和翼下覆羽橙栗色;下胸、上腹白色,下腹和下胁烟灰色;尾下覆羽紫黑色。雌鸟与雄鸟体色相似。虹膜淡红褐色;上嘴角黑色,下嘴基部淡黄色;跗跖、爪蓝灰褐色。

生活习性　夏候鸟。每年 4—5 月从南方迁来浙江省繁殖,10 月左右离去。主要栖息于低山丘陵、山麓平原等开阔地带的疏林

和灌木林中,也见活动于园林和宅旁树上。多单独活动,飞翔速度甚快,鸣叫声尖而清脆。繁殖期为 5—7 月。不营巢,常把卵产在画眉、矛纹草鹛等的鸟巢中。主要捕食白蚁、毛虫等昆虫。

地理分布　保护区见于新桥、双坑口、上芳香、乌岩尖。浙江省分布较广。

保护与濒危等级　浙江省重点保护野生动物;《中国生物多样性红色名录》无危(LC);《IUCN 红色名录》无危(LC)。

50 大鹰鹃 大鹰喀咕、大慈悲心鸟

Hierococcyx sparverioides（Vigors）

目 鹃形目 CUCULIFORMES
科 杜鹃科 Cuculidae
属 鹰鹃属 *Hierococcyx*

形态特征 体形较大（体长约40cm）的灰褐色杜鹃。雄鸟夏羽额、头顶、头侧以及后颈为暗灰色；眼先有灰白纹；肩、背至尾上覆羽灰褐色；飞羽灰褐色略浅于背；尾羽黑褐色，末端有浅褐窄缘，有3条宽窄不一的浅褐色横斑，基部有白斑块；初级飞羽的外翈缘有模糊的褐斑点，内翈有白斑，外缘为浅色边；颏灰黑色；喉灰白色并有灰色羽干纹；喉后至前胸栗色，杂有多条较宽的灰色羽干纹；胸、腹白色，有宽灰褐色横斑，横斑上沾有栗色；翼下覆羽的横斑细窄；尾下覆羽纯白色或杂有小斑。该鸟体形与羽色酷似苍鹰亚成鸟，故称"大鹰鹃"。雌鸟与雄鸟相似。虹膜橙黄色；嘴黑褐色；跗跖橙黄色，爪淡黄色。

生活习性 夏候鸟。每年4—5月迁来浙江省繁殖，栖息于山地森林中，亦出现于山麓平原树林地带。多隐匿于树叶繁茂的丛林中，很难见其身影。繁殖期为5—7月，繁殖时成对生活，雄鸟彻夜鸣叫。自不营巢，卵大多产在画眉等的鸟巢中。以食毛虫为主，此外还食甲虫、蝗虫等，有时兼食浆果。

地理分布 保护区见于上芳香、丁步头、石佛岭、乌岩尖等地。浙江省广布。

保护与濒危等级 浙江省重点保护野生动物；《中国生物多样性红色名录》无危（LC）；《IUCN红色名录》无危（LC）。

51　四声杜鹃　光棍背钮、光棍好过

Cuculus micropterus Gould

目　鹃形目 CUCULIFORMES
科　杜鹃科 Cuculidae
属　杜鹃属 *Cuculus*

形态特征　中等体形(体长约 30cm)的偏灰色杜鹃。雄鸟头顶至后颈暗灰色;眼先灰白色;上体余部土褐色;尾羽色较背更深,末端棕白色,近末端有宽阔黑斑,羽干两侧及羽缘布有棕白色斑点,外侧尾羽缘斑扩大成黑白相间的横纹状;初级飞羽暗褐色,内翈有 1 列白色横斑;次级飞羽色稍淡,内翈白色横斑数目较少;颏、喉及上胸灰白色,略沾棕色;下体余部乳白色,带褐色横斑,尾下覆羽横纹稀且短,腋羽和翼下覆羽横纹细窄。雌鸟胸部稍呈棕色,其余羽色与雄鸟相似。虹膜暗褐色;嘴黑褐色,下嘴基部黄褐色;跗跖黄褐色,爪褐色。

生活习性　夏候鸟。迁来时一般正值春、夏播种季节。栖息于山地森林和山麓平原地带的森林中,尤在混交林、阔叶林和林缘疏林地带活动较多,有时亦出现于农田地边树上,常匿栖于林间,不易见到。善鸣叫,响声洪大。5—6月繁殖。不营巢,常把卵产在画眉、苇莺等的鸟巢中。捕食树林中蝶类、蛾类及松毛虫等。

地理分布　保护区见于双坑口。浙江省广布。

保护与濒危等级　浙江省重点保护野生动物;《中国生物多样性红色名录》无危(LC);《IUCN 红色名录》无危(LC)。

52 大杜鹃 布谷、郭公、获谷、喀咕

Cuculus canorus Linnaeus

目	鹃形目CUCULIFORMES
科	杜鹃科Cuculidae
属	杜鹃属 *Cuculus*

形态特征 中等体形（体长约32cm）的杜鹃。雌、雄羽色近似。雄鸟夏羽额基灰色沾淡棕色；头顶至尾上覆羽暗灰色；外侧覆羽及飞羽暗褐灰色，羽干黑褐色，初级飞羽末端色浅，内翈近羽缘有1列白色横斑；次级飞羽仅内翈基部有白斑；翼缘白色杂以灰褐色斑；尾黑色，末端白色，中央尾羽羽干两侧有对称白色斑，羽缘有许多小白点，外侧尾羽的羽干和外翈边缘有小白斑；颏、喉、颈侧、上胸淡灰色；胸、腹、腋和胁羽白色，有不规则半环状黑褐色细窄横纹；尾下覆羽的横纹较宽而稀。雌鸟上体比雄鸟色更深，下体横纹更细窄，喉、颈、上胸两侧也带有横纹。虹膜深黄色；嘴黑褐色，下嘴基部浅黄色；跗跖棕黄色，爪黄褐色。

生活习性 夏候鸟。于4—5月迁来，9—10月迁走。主要栖息于山地、丘陵和平原地带的森林中，有时也出现于农田和居民点附近高大的乔木树上，尤喜近水的树林。阴雨天或清晨往往连续鸣叫，性胆怯，多隐蔽在茂密树丛中。大杜鹃繁殖期5—7月，求偶时雌、雄鸟在树枝上跳来跳去，飞上飞下互相追逐，飞翔迅速。自不营巢，而是将卵产于大苇莺、灰喜鹊、伯劳、棕头鸦雀、棕扇尾莺等各类雀形目鸟类的巢中，由这些鸟替它带孵带育。嗜吃毛虫、甲虫、蛾类、蜘蛛等。

地理分布 保护区见于双坑口。浙江省广布。

保护与濒危等级 浙江省重点保护野生动物；《中国生物多样性红色名录》无危(LC)；《IUCN红色名录》无危(LC)。

53 中杜鹃　中喀咕、蓬蓬鸟、山郭公

Cuculus saturatus Blyth

目	鹃形目 CUCULIFORMES
科	杜鹃科 Cuculidae
属	杜鹃属 *Cuculus*

形态特征　体形略小（体长约26cm）的灰色杜鹃。雄鸟夏羽额、头顶至后颈暗灰色；背、腰至尾上覆羽色较深；飞羽灰褐色，羽干黑褐色，外侧飞羽的内翈有白色横斑或点状斑，基部有白斑，内侧飞羽仅内翈基部白色。尾黑褐色，末端白色，沿羽干两侧及羽缘有小白斑，最外侧尾羽的小白斑较大，翼缘白色，无斑纹；颏、喉浅灰色，前胸浅灰色沾棕色；胸、腹、胁灰白色沾浅棕色，并带有黑褐色横纹，其宽度大于大杜鹃的；尾下覆羽浅棕色，基部有宽横纹，远端较稀疏。雌鸟（棕色型）上体（包括翼和尾羽）呈栗色，其中腰和尾上覆羽色更浓，密布不规则黑褐色横纹；飞羽、尾羽末端黑褐色，尾羽羽干两侧有白斑；下体带有黑褐色横纹；尾下覆羽横纹较稀疏。幼鸟个体略小于成鸟；上体自头顶至尾上覆羽以及飞羽各羽端有白色细纹；尾羽末端白色，沿羽干两侧有长形白斑；下体色纹与棕色型雌鸟相似。虹膜褐黄色；上嘴黑褐色，下嘴基部灰白色；跗跖皮黄色，爪黑褐色。

生活习性　夏候鸟。多于4—5月迁来，于9—10月迁走。栖息于山地针叶林、针阔叶混交林和阔叶林等茂密的森林中，偶尔也出现于山麓平原人工林和林缘地带，常隐蔽在密林间。不集群，多单独生活，飞翔时迅速无响声。繁殖期为5—7月，繁殖期间鸣声频繁，反复不变地重复同一单调的声音，有时晚上也可听见。自不营巢孵卵，产卵于其他鸟的巢中。嗜食昆虫，尤喜毛虫。

地理分布　保护区见于新桥。浙江省广布。

保护与濒危等级　浙江省重点保护野生动物；《中国生物多样性红色名录》无危（LC）；《IUCN红色名录》无危（LC）。

目	鹃形目CUCULIFORMES
科	杜鹃科 Cuculidae
属	杜鹃属 *Cuculus*

54 小杜鹃 催归、阳雀、阴天打酒喝

Cuculus poliocephalus Latham

形态特征 体小(体长约26cm)的灰色杜鹃。雌、雄羽色近似。额基暗灰色沾棕色;头顶、颈后暗灰色;背、肩黑褐色;腰及尾上覆羽蓝黑色;尾羽黑褐色,末端白色,两侧有白点,羽干两侧有不对称白点,外侧尾羽内缘有1列似三角形白点,最外侧尾羽白点扩大成横斑;飞羽暗褐色,外侧飞羽基部白色,内翈有1列大小不等的白横斑,次级飞羽内翈基部白色;额灰色沾棕色,喉银灰色;前胸灰色沾栗棕色;胸、腹羽浅棕白色,有不连续的褐黑色横斑,有的呈 V 形;尾下覆羽浅棕色,不带横纹或只有稀疏斑点;腋羽亦有细横纹。虹膜褐色;上嘴黑色,下嘴基部皮黄色;跗跖、爪均为暗黄色。

生活习性 夏候鸟。5月上旬迁来浙江省,鸣叫频繁,尤在晨昏或阴雨天。主要栖息于低山丘陵、林缘地边、河谷次生林和阔叶林中,有时亦出现于路旁、村屯附近的疏林和灌木林。性孤独,多单独栖居,飞翔迅速,飞时翅膀振动幅度大,一次飞行的距离较远。繁殖期为5—7月。不独自营巢,把卵产在其他鸟的巢中。捕食昆虫,以鳞翅目昆虫为多。

地理分布 保护区见于双坑口、乌岩尖。浙江省广布。

保护与濒危等级 浙江省重点保护野生动物;《中国生物多样性红色名录》无危(LC);《IUCN红色名录》无危(LC)。

55 噪鹃 哥好雀、嫂鸟、鬼郭公

Eudynamys scolopaceus（Linnaeus）

目　鹃形目 CUCULIFORMES
科　杜鹃科 Cuculidae
属　噪鹃属 *Eudynamys*

形态特征 体大(体长约42cm)的杜鹃。雌、雄异色。雄鸟夏羽全身以黑色为主,背面泛蓝色光泽,下体略染褐色,胸部带有金属光泽。雌鸟色斑与雄鸟明显不同:上体暗褐色,泛橄榄绿色,带有金属光泽,密布白色或浅黄色斑点、横纹,其头中部斑点为浅黄白色,略呈条纹状;上背及两翅多横斑状;尾羽上的白斑呈弧状;颏至前胸暗褐色,其中的白斑点大而密;胸、腹及尾下覆羽白色,密布不规则黑褐色横斑。虹膜深红色;嘴角黄色;跗跖、爪暗绿色。

生活习性 夏候鸟。在5月前后抵达浙江省。栖息于山地、丘陵和山脚平原地带林木茂盛的地方,一般多栖息在海拔1000m以下,也常出现在村寨和耕地附近的高大树木上。善鸣叫,叫声响亮而嘈杂。繁殖期3—8月。自己不营巢和孵卵,通常将卵产在黑领椋鸟、喜鹊和红嘴蓝鹊等的鸟巢中,由别的鸟代孵代育。食性较杂,吃植物果实与各种昆虫。

地理分布 保护区见于木岱山。浙江省内分布于杭州、温州、衢州、丽水等地。

保护与濒危等级 浙江省重点保护野生动物;《中国生物多样性红色名录》无危(LC);《IUCN红色名录》无危(LC)。

56 **小鸦鹃** 小毛鸡、小乌鸦雉

Centropus bengalensis（Gmelin，JF）

目 鹃形目CUCULIFORMES
科 杜鹃科Cuculidae
属 鸦鹃属*Centropus*

形态特征 体略大(体长约42cm)的棕色和黑色鸦鹃。雌、雄同色。成鸟头、颈、上背及下体黑色,带深蓝色光泽,有的个体带有暗棕色横斑或狭形近白色羽端斑点;下背及尾上覆羽淡黑色,尾上覆羽有蓝色金属光泽;肩及其内侧与翅同为栗色,翅端及内侧次级飞羽较暗,显露出淡栗色的羽干。幼鸟头、颈及上背暗褐色,各羽有白色的羽干和棕色的羽缘;腰至尾上覆羽为棕色和黑色横斑相间状;尾淡黑色并带有棕色羽端,中央尾羽更有棕白色横斑;下体淡棕白色,羽干色淡,胸、胁较暗色;翅同成鸟,但翼下覆羽淡栗色,且杂以暗色细斑。虹膜深红色(幼鸟黄褐色到淡苍褐色);嘴黑色(幼鸟嘴角黄色,嘴基及尖端较黑);脚铅黑色。

生活习性 留鸟。栖息于山边或近水的灌丛和高草地中。常在地面活动,鸣叫声较尖而清脆,有时很急促。性机警而更隐蔽,稍受惊动,即奔入密丛深处,甚少见它飞往树上。繁殖期为3—8月。营巢于茂密的灌木丛、矮竹丛和其他植物丛中,主要以菖蒲、芒草和其他干草构成,形状为球形或椭圆形。食物主要为昆虫和其他小型动物。

地理分布 保护区见于三插溪。浙江省广布。

保护与濒危等级 国家二级重点保护野生动物;《中国生物多样性红色名录》无危(LC);《IUCN红色名录》无危(LC)。

57　长嘴剑鸻　　长嘴鸻

Charadrius placidus Gray, JE & Gray, GR

目	鸻形目 CHARADRIIFORMES
科	鸻科 Charadriidae
属	鸻属 *Charadrius*

形态特征　体形略大(体长约22cm)、健壮、体呈黑、褐及白色。雌、雄近似。成鸟繁殖期前额白色直抵嘴基部;白色眼纹向后延伸;头顶前部有较宽的黑斑,后部灰褐色;眼先和眼下的暗褐色窄带后延至耳羽;后颈的白色狭窄领环伸至颈侧,与颏、喉的白色相连,其下部围绕一狭窄的黑色胸带;黑胸带在胸部变得稍微宽阔;背、肩、两翅覆羽、腰、尾上覆羽、尾羽灰褐色;尾羽近端部渲染黑帽色,外侧尾羽羽端白色;飞羽黑褐色,内侧初级飞羽和外侧次级飞羽有白色或灰白色边缘,与大覆羽羽端的白色共同形成淡淡的翼斑;胸、腹及翅下覆羽、腋羽、尾下覆羽皆纯白色。非繁殖羽胸带通常是灰褐色,换羽期间,羽色灰暗。虹膜黑褐色,眼睑黄色,形成比较细的黄色眼圈;嘴黑色,下喙的基部略有黄色;胫、跗跖和趾土黄色或肉黄色,爪黑色。

生活习性　冬候鸟。10月至翌年4月易见。常见活动于江河边缘浅水区和沙滩、湖泊边的草丛、沼泽地,也见于海滨沙滩和滩涂。喜集群活动,常以3~5只结成小群,也有以几十只为群。时而快速走几步,停下来在泥土中啄食,然后又快速走几步,边走边鸣叫。以水生昆虫、蠕虫、甲壳类及其他水生无脊椎动物为食,也发现食物中有草籽、水生植物叶和芽。

地理分布　保护区见于三插溪。浙江省广布。

保护与濒危等级　《中国生物多样性红色名录》近危(NT);《IUCN红色名录》无危(LC)。

58 黄嘴白鹭 唐白鹭、白老

Egretta eulophotes (Swinhoe)

目　鹈形目 PELECANIFORMES
科　鹭科 Ardeidae
属　白鹭属 *Egretta*

形态特征 体长46~65cm的中型涉禽。身体纤瘦而修长,嘴、颈、脚均很长。雌、雄羽色相似,体羽白色,虹膜淡色。在繁殖季节,嘴橙黄色,有细长的饰羽,后头的冠羽长而密,肩羽延伸至尾部,但末端平直,下颈饰羽呈长尖形,覆盖胸部。在非繁殖季节,嘴暗褐色,下嘴基部黄色,眼先、脚黄绿色,背、肩和前颈无蓑状长羽。

生活习性 夏候鸟。4月下旬可飞到繁殖地,5月产卵,每窝2~5枚,孵化期24~26天,育雏期35~40天,10月南迁越冬。主要以各种小型鱼类为食,也吃虾、蟹、蝌蚪和水生昆虫等动物性食物。通常在河边、盐田或水田地中边走边啄食,它的长嘴、长颈和长腿使捕食水中的动物变得非常方便。

地理分布 保护区仅历史资料记载。浙江省内主要分布于浙南。

保护与濒危等级 国家一级重点保护野生动物;《中国生物多样性红色名录》易危(VU);《IUCN红色名录》易危(VU)。

59 栗头鳽 栗头虎斑鳽、日本麻鳽

Gorsachius goisagi（Temminck）

目　鹈形目 PELECANIFORMES
科　鹭科 Ardeidae
属　夜鳽属 *Gorsachius*

形态特征　体形略小（体长约49cm）而矮扁的褐色鹭鸟。雌、雄近似。额和头顶黑栗色；枕、后颈和颈两侧栗红色至棕色；背部到尾部、翼上覆羽、次级飞羽、三级飞羽等栗色或棕褐色，多数羽毛上有黑栗色波纹，使两翅呈现虎斑纹，故又名"栗头虎斑鳽"；初级飞羽黑褐色，带有宽阔的栗色端斑；颏、喉至尾下覆羽浅黄色，沿颏、喉和前颈中央有黑色和栗色的纵斑，这种纵斑在胸和腹部增多并加粗。虹膜黄色；嘴暗黑色，下嘴黄色；跗跖墨绿色。

生活习性　旅鸟，4月下旬至5月中旬及11月从浙江省过境。常结小群栖息在近海、沿江小山头的高树下或竹林内。迁徙时也见于远离水源的林地，多于夜间单独活动。主要以小型鱼类、甲壳类、黄鳝、蛙、水蜘蛛、环节动物和水生昆虫等动物性食物为食。

地理分布　保护区见于木岱山。浙江省内分布于杭州、宁波、温州、丽水等地。

保护与濒危等级　国家二级重点保护野生动物；《中国生物多样性红色名录》数据缺乏（DD）；《IUCN红色名录》易危（VU）。

60 黑冠鹃隼 凤头鹃隼

Aviceda leuphotes（Dumont）

目　鹰形目 ACCIPITRIFORMES
科　鹰科 Accipitridae
属　鹃隼属 *Aviceda*

形态特征　体形略小（体长约32cm）的黑白色鹃隼。雌、雄近似。上体蓝黑色，头顶有长而垂直的蓝黑色冠羽；喉和颈黑色，翅和肩有白斑；上胸有1道宽阔的星月形白斑、下胸和腹侧带有宽阔的白色和栗色横斑；腹中央、腿覆羽和尾下覆羽黑色；飞翔时翅阔而圆，黑色的翅下覆羽和尾下覆羽与银灰色的飞羽和尾羽形成鲜明对照；从上面看通体黑色，初级飞羽上有宽阔而显著的白色横带，野外特征极明显。虹膜紫褐色或血红褐色；嘴深石板灰色或铅色，尖端黑色；脚铅色或铅蓝色，爪角褐色。

生活习性　夏候鸟。在5月前后抵达浙江省。栖息于山脚平原、低山丘陵和高山森林地带，也出现于疏林草坡、村庄和林缘田间地带。常单独或成对活动、觅食。繁殖期4—7月。营巢于森林中河流岸边或邻近的高大树上，巢主要由枯枝构成，内放草茎、草叶和树皮。主要以蝗虫、蝉、蚂蚁等昆虫为食，也特别爱吃蝙蝠，以及鼠、蜥蜴、蛙等小型脊椎动物。

地理分布　保护区见于坑头、楛垟等地。浙江省内分布于湖州、嘉兴、杭州、宁波、温州、衢州、金华等地。

保护与濒危等级　国家二级重点保护野生动物；《中国生物多样性红色名录》无危（LC）；《IUCN红色名录》无危（LC）。

61 凤头蜂鹰　八角鹰、雕头鹰、蜜鹰、东方蜂鹰

Pernis ptilorhynchus（Temminck）

目　鹰形目 ACCIPITRIFORMES
科　鹰科 Accipitridae
属　蜂鹰属 *Pernis*

形态特征　体形略大(体长约62cm)的猛禽。头顶暗褐色至黑褐色,头侧具有短而硬的鳞片状羽毛,而且较为厚密,是其独有的特征之一。头的后枕部通常具有短的黑色羽冠,显得与众不同。上体通常为黑褐色,头侧为灰色,喉部白色,具有黑色的中央斑纹;其余下体为棕褐色或栗褐色,具有淡红褐色和白色相间排列的横带、粗著的黑色中央纹;初级飞羽为暗灰色,尖端为黑色;翼下飞羽白色或灰色,具黑色横带;尾羽为灰色或暗褐色,具有3~5条暗色宽带斑及灰白色的波状横斑。虹膜金黄色或橙红色;嘴黑色;脚和趾黄色,爪黑色。

生活习性　旅鸟。栖息于不同海拔高度的阔叶林、针叶林和混交林中,有时也到林外村庄、农田和果园等小林内活动。常单独活动,冬季偶尔集成小群。飞行灵敏具特色,多为鼓翅飞翔。繁殖期4—6月。营巢于阔叶树或针叶树上,盘状,内放少许草茎和草叶,有时也利用鸢和苍鹰等其他猛禽的旧巢。主要以黄蜂、胡蜂、蜜蜂和其他蜂类为食,也吃其他昆虫。

地理分布　保护区见于五岱等地。浙江省内分布于嘉兴、杭州、宁波、舟山、台州、温州、衢州、丽水等地。

保护与濒危等级　国家二级重点保护野生动物;《中国生物多样性红色名录》近危(NT);《IUCN红色名录》无危(LC)。

62 黑鸢 黑耳鸢、老鹰、老鸢、牙鹰

Milvus migrans（Boddaert）

目	鹰形目 ACCIPITRIFORMES
科	鹰科 Accipitridae
属	鸢属 *Milvus*

形态特征 体形略大（体长约65cm）的深褐色猛禽。雌、雄近似。上体及两翼的表面浓褐色；头顶及后颈有黑褐色羽干纹；翼上覆羽先端大都缀以棕白色；外侧初级飞羽呈黑褐色，其基部有1块大的白斑，展翅翱翔时尤为显著；尾呈叉状；尾羽土褐色，带有不明显的黑褐色横斑，内翈横斑明显；耳羽黑褐色；颏、喉污白色，有黑褐色的羽干纹；胸至上腹呈深褐色，羽干稍黑而两侧淡棕色，呈纵纹状；下体余部大都浅棕色，稍带有不明显的褐色纹路。虹膜暗褐色；嘴呈黑色，基部沾棕黄色；蜡膜和跗跖、趾为棕黄色，爪黑色。

生活习性 留鸟。栖息于开阔平原、草地、荒漠和低山丘陵地带，也常在城郊、村落、田野、湖泊、港湾上空活动。通常呈圈状盘旋翱翔，边飞边鸣，鸣声尖锐。性机警，人很难接近。繁殖期4—7月。营巢于高大树上，也营巢于悬崖峭壁上。巢呈浅盘状，主要由干树枝构成。主要以小鸟、鼠、蛇、蛙、鱼、蜥蜴和昆虫等动物性食物为食，偶尔也吃家禽和腐尸。

地理分布 保护区有历史资料记载。浙江省内分布范围较广。

保护与濒危等级 国家二级重点保护野生动物；《中国生物多样性红色名录》无危（LC）；《IUCN红色名录》无危（LC）。

63 蛇雕 吃蛇鸟、麻鹰、鹿纹

Spilornis cheela（Latham）

目　鹰形目 ACCIPITRIFORMES
科　鹰科 Accipitridae
属　蛇雕属 *Spilornis*

形态特征　中等体形（体长约50cm）的深色雕。雌、雄同形。上体暗褐色或灰褐色，有较窄的白色羽缘；头顶黑色，长有显著的黑色扇形冠羽，其上披有白色横斑；尾黑色，尾上覆羽尖端白色，中间有1道宽阔的灰白色横带和窄的白色端斑；喉、胸灰褐色或黑色，布有暗褐色虫蠹状斑，其余下体皮黄色或棕褐色，带有白色细斑点。幼鸟和成鸟大体相似，但体色较淡；头顶白色，尖端黑色；下体白色，胸部有暗褐色条纹。虹膜黄色；嘴蓝灰色；趾黄色，爪黑色。

生活习性　留鸟。主要栖息和活动于山地森林及其林缘开阔地带。飞行时两翅扇动缓慢，也能高速地在浓密的森林中飞行和追捕食物，飞行技巧相当高超，有时也在森林上空盘旋和滑翔。繁殖期11月至翌年3月。通常营巢于浓密的常绿阔叶林或落叶阔叶林中，巢多置于高大乔木的上部。主要以鼠、蛇、雉鸡、蛙、蜥蜴、小鸟与鸟蛋、大的昆虫等动物性食物为食。

地理分布　保护区见于乌岩尖、竖半天、碑排、道均垟、上芳香、坑头、石鼓背、火烧座等地。浙江省内分布于各地山区。

保护与濒危等级　国家二级重点保护野生动物；《中国生物多样性红色名录》近危（NT）；《IUCN红色名录》无危（LC）。

64 凤头鹰 凤头雀鹰、凤头苍鹰

Accipiter trivirgatus（Temminck）

目 鹰形目 ACCIPITRIFORMES

科 鹰科 Accipitridae

属 鹰属 *Accipiter*

形态特征 体大(体长约42cm)的强健鹰类。雌、雄近似。头前额至后颈鼠灰色,有显著的与头同色冠羽;其余上体褐色,尾上有4道宽阔的暗色横斑;喉白色,有显著的黑色中央纹;胸棕褐色,带有白色纵纹;其余下体白色,带有窄的棕褐色横斑;尾下覆羽白色;飞翔时翅短圆,后缘突出,翼下飞羽有数条宽阔的黑色横带。雌鸟体形略大于雄鸟。幼鸟上体褐色,下体白色或黄白色,带有黑色纵纹。虹膜金黄色;嘴角褐色或铅色,嘴峰和嘴尖黑色,口角黄色,蜡膜和眼睑黄绿色;脚和趾淡黄色,爪黑色。

生活习性 留鸟。通常栖息在海拔1600m以下的山地森林和山脚林缘地带,也出现在竹林和小面积丛林地带,偶尔也到山脚平原和村落附近活动。日行性,多单独活动,有时也利用上升的热气流在空中盘旋和翱翔,盘旋时两翼常往下压和抖动。繁殖期4—7月。营巢于针叶林或阔叶林中高大的树上,多在河岸或水塘旁边,离水域不远。巢较粗糙,主要由枯树枝堆积而成,内放一些绿叶。主要以蛙、蜥蜴、鼠、昆虫等动物性食物为食,也吃鸟类和小型哺乳动物。

地理分布 保护区见于木岱山、道均垟、叶山、石鼓背、黄桥等地。浙江省广布。

保护与濒危等级 国家二级重点保护野生动物;《中国生物多样性红色名录》近危(NT);《IUCN红色名录》无危(LC)。

65 赤腹鹰　　鸽子鹰

Accipiter soloensis（Horsfield）

目　鹰形目 ACCIPITRIFORMES
科　鹰科 Accipitridae
属　鹰属 *Accipiter*

形态特征　中等体形（体长约33cm）的鹰类。雄鸟头至背蓝灰色，翼和尾灰褐色，外侧尾羽有4~5条暗色横斑；颏、喉乳白色，胸和两胁淡红褐色，下胸分布少数不明显的横斑，腹中央和尾下覆羽白色。雌鸟似雄鸟，但体色稍深，胸棕色较浓，且具有较多的灰色横斑。幼鸟上体暗褐色，下体白色，胸有纵纹，腹有棕色横斑。飞翔时翼下白色，与黑色外侧初级飞羽形成明显对比，野外特征明显。虹膜淡黄色或黄褐色；嘴黑色，下嘴基部淡黄色，蜡膜黄色；脚和趾橘黄色或肉黄色，爪黑色。

生活习性　夏候鸟。5月左右抵达浙江省，栖息于山地森林和林缘地带，也见于低山丘陵和山麓平原地带的小块丛林、农田地缘、村屯附近。常单独或成小群活动，休息时多停息在树木顶端或电线杆上，主要在地上捕食，常站在树顶高处，见到猎物则突然冲下捕食。繁殖期5—7月。巢位于林中的树丛上，用枯枝和绿叶构成。主要以蛙、蜥蜴等动物性食物为食，也吃小型鸟类、鼠类和昆虫。

地理分布　保护区见于杨山后、叶山、新桥、西坑、瓮溪、丁步头、榅垟等地。浙江省广布。

保护与濒危等级　国家二级重点保护野生动物；《中国生物多样性红色名录》无危（LC）；《IUCN红色名录》无危（LC）。

66 松雀鹰 摆胸、雀贼、松儿、松子鹰

Accipiter virgatus（Temminck）

目 鹰形目 ACCIPITRIFORMES
科 鹰科 Accipitridae
属 鹰属 *Accipiter*

形态特征 中等体形（体长约35cm）的深色鹰。雌、雄略异。中等体形（体长约33cm）的深色鹰。雄鸟额至后颈灰黑色，头侧较淡，后颈羽基白色；上体余部及翼上覆羽呈黑灰色；外侧飞羽暗褐色，内侧飞羽转黑灰色，其内翈淡褐色至近白色，且杂以黑褐色横斑；尾羽褐灰色，长有4~5道黑色横斑；喉白色而带有明显的黑色中央条纹；胸、腹及两胁白色而密杂以棕红色横斑，或全为棕红色，仅于胸部中央微现杂斑；覆腿羽亦为白色，杂以棕红色横斑；尾下覆羽纯白色。雌鸟体形较雄鸟大；耳羽呈暗灰褐色；上体余部及两翼的表面大都呈黑褐色；尾羽灰褐色，有4~5道黑色或黑褐色横斑，最外侧1对的内翈有9条淡黑褐色横斑；下体自胸依次密布灰褐色沾棕的横斑；余羽与雄鸟同。虹膜金黄色；嘴蓝色，先端转黑；跗跖、趾黄色，爪黑色。

生活习性 留鸟。主要栖息于茂密的针叶林、常绿阔叶林以及开阔的林缘疏林地带，冬季常到山脚和平原地带的小块丛林、竹园、河谷，也出现在低山丘陵、草地和果园，常在林园附近的农田上空飞翔。多单独生活。性机警，不易接近。繁殖期4—6月。营巢于茂密森林中枝叶茂盛的高大树木上部，位置较高，且有枝叶隐蔽，一般难以发现。主要捕食小型鸟类、蜥蜴、鼠类、麝鼩等。

地理分布 保护区见于何园、金竹坑、石鼓背等地。浙江省广布。

保护与濒危等级 国家二级重点保护野生动物；《中国生物多样性红色名录》无危（LC）；《IUCN红色名录》无危（LC）。

67 雀鹰 细胸、鹞子、北雀鹰、朵子

Accipiter nisus（Linnaeus）

目	鹰形目 ACCIPITRIFORMES
科	鹰科 Accipitridae
属	鹰属 *Accipiter*

形态特征 中等体形（雄鸟体长约32cm，雌鸟体长约38cm）而翼短的鹰。雄鸟额至后颈呈暗青灰色，后颈羽基白色；背、肩、腰及尾上覆羽青灰色；尾羽灰褐色，有5条黑褐色横斑，羽端灰白色；下体白色；喉部有黑褐色细纵纹；胸、胁及腹部有赤褐色和暗褐色横斑；覆腿羽横斑较狭。雌鸟体形较雄鸟大；上体及两翼的表面暗灰褐色；眉纹白色，杂以黑纹；耳羽深栗褐色；后颈羽基白色；飞羽内翈有黑褐色横斑，并缀白斑或棕白斑，外翈则隐现暗色横斑；尾羽也带有横斑；下体白色；颏、喉部纵纹较雄鸟稍宽，胸羽密布褐色沾棕的横斑，下腹及覆腿羽的横斑较窄；肛周及尾下覆羽微缀褐斑。虹膜橙黄深色；嘴黑色，基部青黄色；蜡膜和跗跖、趾黄绿色，爪黑色。

生活习性 冬候鸟。每年10月左右抵达浙江省，翌年4月北迁。主要栖息于林缘及开阔的林地，亦见于村落附近。多单独活动、觅食。飞翔时往往鼓动两翅后再向前滑翔。常站在树上窥伺猎物，鸣声尖锐。食物以小鸟和鼠类为主。

地理分布 保护区见于里光溪。浙江省广布。

保护与濒危等级 国家二级重点保护野生动物；《中国生物多样性红色名录》无危（LC）；《IUCN红色名录》无危（LC）。

68 苍鹰 黄鹰、牙鹰、鸱鹰

Accipiter gentilis（Linnaeus）

目	鹰形目 ACCIPITRIFORMES
科	鹰科 Accipitridae
属	鹰属 *Accipiter*

形态特征 体大（体长约56cm）而强健的鹰。雄鸟头顶、后头及耳羽黑色，眉纹白而杂以黑色羽干纹；上体余部（包括尾及两翼）大都暗灰褐色；飞羽有暗褐色横斑，其内翈杂以灰白色块斑；尾上覆羽有不明显的白斑；尾羽带有宽阔的黑褐色横斑，端缘近白色；下体白色；颏、喉杂以黑褐色纵纹；胸、腹、两胁及覆腿羽均布满黑褐色横斑，翼下覆羽亦然；肛周及尾下覆羽纯白色。雌鸟羽色与雄鸟相似，但体形较大，背羽较暗，下体羽色较浓。虹膜金黄色；嘴黑色，基部沾暗蓝色；蜡膜和跗跖、趾黄绿色，爪黑色。

生活习性 冬候鸟。10月左右抵达浙江省，翌年3—4月北迁。栖息于不同海拔高度的针叶林、混交林和阔叶林等森林地带，也见于山麓平原和丘陵地带的疏林、小块林内。大多单独活动、觅食。飞行疾速，视力敏锐，鸣声尖锐而洪亮。嗜食鼠类、野兔及小鸟等动物。

地理分布 保护区见于上芳香。浙江省内分布于宁波、金华、温州、丽水等地。

保护与濒危等级 国家二级重点保护野生动物；《中国生物多样性红色名录》近危（NT）；《IUCN红色名录》无危（LC）。

69 普通鵟 鸡母鹞、土豹

Buteo japonicus Temminck & Schlegel

目　鹰形目 ACCIPITRIFORMES
科　鹰科 Accipitridae
属　鵟属 *Buteo*

形态特征 体形略大（体长约55cm）的鵟。体色变化较大：上体主要为暗褐色，下体主要为暗褐色或淡褐色，带有深棕色横斑或纵纹；尾淡灰褐色，有多道暗色横斑。飞翔时两翼宽阔，初级飞羽基部有明显的白斑，翼下白色，仅翼尖、翼角和飞羽外缘黑色（淡色型）或全为黑褐色（深色型），尾散开呈扇形。翱翔时两翅微向上举成浅 V 形，野外特征明显。虹膜淡褐或黄色；嘴黑褐色，基部沾蓝；蜡膜和跗跖、趾淡棕黄色或绿黄色，爪黑色。

生活习性 冬候鸟。每年11月从北方迁抵浙江省，于翌年3月至4月上旬北迁。繁殖期间主要栖息于山地森林和林缘地带，秋、冬季节则多出现在低山丘陵和山脚平原地带，在高空缓慢翱翔，飞翔姿态似鸢，于空中或树上窥伺猎物。以捕食啮齿类为主，亦食鸟类、蛙、蜥蜴、蛇及大型昆虫等。

地理分布 保护区见于上芳香、何园、黄桥等地。浙江省广布。

保护与濒危等级 国家二级重点保护野生动物；《中国生物多样性红色名录》无危（LC）；《IUCN红色名录》无危（LC）。

70 林雕 风野鹜

Ictinaetus malaiensis (Temminck)

<table>
<tr><td>目</td><td>鹰形目 ACCIPITRIFORMES</td></tr>
<tr><td>科</td><td>鹰科 Accipitridae</td></tr>
<tr><td>属</td><td>林雕属 *Ictinaetus*</td></tr>
</table>

形态特征 体大(体长约70cm)的褐黑色雕。雌、雄同形。通体为黑褐色,跗跖被羽;方尾,尾较长而窄,尾上有多条淡色横斑和宽阔的黑色端斑;飞翔时从下面看两翅宽长,翅基较窄,后缘略为突出,冬季初级飞羽基部有淡灰白色带。幼鸟上体羽毛较淡和有淡色斑点,尾上有淡色横斑;下体黄褐色,有暗色纵纹;翼下覆羽亦为黄褐色,与暗色飞羽形成明显对照;初级飞羽基部亦有灰白色横带,飞翔时甚明显。虹膜暗褐色;嘴铅色,尖端黑色,蜡膜和嘴裂黄色;趾黄色,爪黑色。

生活习性 留鸟。栖息于山地森林中,尤以中低山地的阔叶林和混交林地区最易出现。有时它也沿着林缘地带飞翔巡猎,但从不远离森林,是一种完全以森林为栖息环境的猛禽。繁殖期11月至翌年3月,繁殖期间常成对在空中盘旋嬉戏。主要以鼠类、蛇类、雉类、鸠鸽类、蛙、蜥蜴及大型的昆虫等动物性食物为食。

地理分布 保护区见于道均垟、乌岩尖、上芳香、双坑口、茶坪等地。浙江省内分布于湖州、杭州、绍兴、衢州、温州、丽水等地。

保护与濒危等级 国家二级重点保护野生动物;《中国生物多样性红色名录》易危(VU);《IUCN红色名录》无危(LC)。

71 金雕 浩白雕、红头雕、鹫雕、老雕

Aquila chrysaetos（Linnaeus）

目 鹰形目 ACCIPITRIFORMES
科 鹰科 Accipitridae
属 雕属 *Aquila*

形态特征 体大(体长约85cm)的褐色雕。头顶黑褐色,后头至后颈羽毛尖长,呈柳叶状,羽基暗赤褐色,羽端金黄色,带有黑褐色羽干纹。上体暗褐色,肩部较淡,背肩部微缀紫色光泽;尾上覆羽淡褐色,尖端近黑褐色;尾羽灰褐色;有不规则的暗灰褐色横斑或斑纹、一宽阔的黑褐色端斑;翅上覆羽暗赤褐色,羽端较淡,为淡赤褐色;初级飞羽黑褐色,内侧初级飞羽内翈基部灰白色,缀杂乱的黑褐色横斑或斑纹;次级飞羽暗褐色,基部有灰白色斑纹;耳羽黑褐色。下体颏、喉和前颈黑褐色,羽基白色;胸、腹亦为黑褐色,羽轴纹较淡,覆腿羽、尾下覆羽、翅下覆羽及腋羽均为暗褐色,覆腿羽上有赤色纵纹。虹膜栗褐色;嘴端部黑色,基部蓝灰色,嘴裂黄色;蜡膜和趾黄色,爪黑色。

生活习性 留鸟或迷鸟。据《浙江动物志》记载,在浙江省景宁为留鸟,但近年来省内鲜有观察记录。冬季偶见个别亚成鸟出现于浙江省南部山区,推测为北方游荡至此的迷鸟。主要栖息于高山森林地区,冬季下到低山丘陵和平原地带。通常单独或成对活动。繁殖期3—5月。营巢于高大树木顶部。性情凶猛,或为北半球攻击力最强的猛禽。在自然界中,主要以中大型哺乳类动物和大型鸟类为食物,包括雁鸭、雉类、松鼠、山羊、狐狸、野兔等。

地理分布 保护区仅有历史资料记载。浙江省内极其罕见,多为历史资料记载,近年来仅衢州地区有1只亚成鸟记录。

保护与濒危等级 国家一级重点保护野生动物;《中国生物多样性红色名录》易危(VU);《IUCN红色名录》无危(LC)。

72　白腹隼雕　白腹山雕

Aquila fasciata Vieillot

目	鹰形目 ACCIPITRIFORMES
科	鹰科 Accipitridae
属	雕属 *Aquila*

形态特征　体大(体长约60cm)的雕。成鸟上体自头顶至尾上覆羽大都暗褐色;尾羽干纹黑褐色,羽基白色,尾上覆羽杂以白色波纹,尾羽灰色,布有黑褐色的宽阔次端斑和狭窄的波状横斑,外侧尾羽内翈缀以白斑;飞羽黑褐色,外翈沾灰,内翈基部杂以白色波纹;下体白色,有黑褐色羽干纹;尾下覆羽及覆腿羽淡褐色,羽干纹黑褐;跗跖全部被羽。幼鸟全身大致棕褐色,仅翼下飞羽及尾羽污白色,并带有暗色细横纹;翼下覆羽后缘灰褐色;翼尖暗色,但翼后缘及尾端均无黑色横带。虹膜褐色;嘴黄灰色,先端和基部黑色,蜡膜黄色;趾柠檬黄色,爪黑色。

生活习性　留鸟。通常栖息于山间溪谷附近的林地,寒冬季节常在开阔的旷野地带游荡、觅食。性情较为大胆而凶猛,行动迅速,飞翔时速度很快。常单独活动,不善于鸣叫。繁殖期为3—5月。营巢于河谷岸边的悬崖上或树上,巢的结构较庞大,主要由枯树枝构成,内垫少许细枝。主要捕食对象为鼠类、小鸟及部分小型爬行类。

地理分布　保护区见于石鼓背、黄桥。浙江省内分布于杭州、宁波、台州、金华、衢州、温州和丽水。

保护与濒危等级　国家二级重点保护野生动物;《中国生物多样性红色名录》易危(VU);《IUCN红色名录》无危(LC)。

73 鹰雕 熊鹰

Nisaetus nipalensis Hodgson

目 鹰形目 ACCIPITRIFORMES
科 鹰科 Accipitridae
属 鹰雕属 *Nisaetus*

形态特征 体大(体长约74cm)的猛禽。上体暗褐色；头后有长的羽冠，常常垂直竖立于头上；腰和尾上覆羽有淡白色横斑；尾有宽阔的黑色和灰白色交错排列的横带；头侧和颈侧有黑色和皮黄色条纹；喉和胸白色，喉有显著的黑色中央纵纹，胸有黑褐色纵纹；腹密被淡褐色和白色交错排列的横斑；跗跖被羽，与覆腿羽一样有淡褐色和白色交错排列的横斑。飞翔时两翼宽阔，翼下和尾下被以黑色和白色交错的横斑，极为醒目。虹膜金黄色；嘴黑色，蜡膜黑灰色；脚和趾黄色，爪黑色。

生活习性 留鸟。繁殖季节多栖息于不同海拔高度的山地森林地带，常在阔叶林和混交林中活动，也出现在浓密的针叶林，冬季多下到低山丘陵、山脚平原地区的阔叶林和林缘地带活动。常单独活动。飞翔时两翅平伸，扇动较慢，有时也在高空盘旋。繁殖期1—6月。营巢于山地森林中高大的乔木树上。巢由树枝构成，结构较为庞大，通常位于树上部靠近主干的枝杈上。主要以野兔、各种鸡形目鸟类和鼠类为食，也捕食小鸟和大的昆虫。

地理分布 保护区见于上芳香、石鼓背、上燕等地。浙江省内主要分布于南部山地。

保护与濒危等级 国家二级重点保护野生动物；《中国生物多样性红色名录》近危(NT)；《IUCN红色名录》无危(LC)。

74 领角鸮 赤足木叶鸮

Otus lettia（Hodgson）

目 鸮形目 STRIGIFORME
科 鸱鸮科 Strigidae
属 角鸮属 *Otus*

形态特征 体形略大（体长约24cm）的偏灰或偏褐色角鸮。成鸟额至眼上方灰白色,缀以暗褐色狭纹和细点；面盘灰白色沾棕而杂以褐色细纹,眼先羽端沾黑褐色,眼周前上部为栗褐色；翎羽棕白色,杂以黑褐色羽端和横纹；头顶两侧有长形耳羽,其外翈黑褐色并带有棕色斑,内翈棕白色而杂以暗褐色虫蠹状点斑。上体及两翼的表面棕褐色,带有黑褐色串珠状羽干纹,两翈布满同色虫蠹状细斑,并散缀淡棕黄色至棕白色状斑；头顶羽干纹较显著；后颈有大而多的眼状斑,呈现1道不完整的半领圈；初级覆羽和外侧飞羽黑褐色；尾羽约有6道黑褐与栗棕色相间的横斑,各斑均缀蠹状纹。下体灰白带淡棕黄,羽干纹黑褐,且密布同色蠹状波纹；尾下覆羽棕白色,先端微缀黑褐色羽干纹和蠹状纹；覆腿羽棕黄色,近趾基转为棕白色,并杂以黑褐斑。虹膜浅褐色；嘴呈沾绿色,先端黄色；趾浅褐色,爪黄色。

生活习性 留鸟。主要栖息于山地阔叶林和混交林中,也出现于山麓林缘和村寨附近树林内。多单独生活。白天隐匿,夜晚活跃。繁殖期为3—6月。营巢于树洞中。主要捕食昆虫、鼠类及小鸟等。

地理分布 保护区见于金竹坑、黄家岱、双坑口等地。浙江省广布。

保护与濒危等级 国家二级重点保护野生动物；《中国生物多样性红色名录》无危（LC）；《IUCN红色名录》无危（LC）。

75 红角鸮 东方角鸮、大头鹰、横虎、夜猫子、夜食鹰

Otus sunia（Hodgson）

目	鸮形目 STRIGIFORME
科	鸱鸮科 Strigidae
属	角鸮属 *Otus*

形态特征 体小(体长约19cm)而色斑驳的角鸮。雌、雄同形,有两种色型。褐色型成鸟面盘淡灰褐色且密杂以纤细的黑纹;眼先近白色,羽端缀黑色;耳羽明显突于头侧,羽基棕色,羽端与头顶同色。上体包括尾及两翼的表面大都呈暗灰褐色而满布黑褐色虫蠹状细纹;头和背缀有棕白色斑点,外侧肩羽大都呈棕白色,羽端黑褐色;外侧覆羽和飞羽的外翈有棕白色斑,各斑的前、后缘黑褐色,相叠状若横斑;飞羽内翈呈黑褐色,带有棕白色斑;尾羽上有不完整的棕白色横斑,斑具黑褐色狭缘。下体灰白色而密杂以暗褐色纤细横斑,并杂以黑褐色羽干纹;尾下覆羽白色,均缀一灰棕色块斑,羽端缀以暗褐色细斑;覆腿羽淡棕色;跗跖羽棕白色,并密杂以褐斑;腋羽及翼下覆羽棕白色。棕栗色型上体(包括尾及两翼的表色)大都棕栗色,肩羽白色较显著;下体亦渲染棕栗色,但羽干纹较狭细。虹膜黄色;嘴暗绿褐色,下嘴先端近黄色;趾肉灰色,爪暗黄色。

生活习性 留鸟和冬候鸟。根据《浙江动物志》描述,浙江共有三个亚种,其中东北亚种、日本亚种在浙江省为冬候鸟。华南亚种为留鸟,后两个亚种在泰顺地区都采到过标本。主要栖息于山地、平原阔叶林和混交林中,也出现于林缘次生林和居民点附近的树林内。繁殖期5—8月。营巢于树洞、岩石缝隙、人工巢箱中。繁殖期多成对活动。夜行性,昼伏夜出,视力甚强,能窥见远处的猎物,常低空飞行,飞行轻快无声。主要以鼠类、蝗虫、鞘翅目昆虫为食。

地理分布 保护区见于双坑口、三插溪、丁步头。浙江省广布。

保护与濒危等级 国家二级重点保护野生动物;《中国生物多样性红色名录》无危(LC);《IUCN红色名录》无危(LC)。

76 黄嘴角鸮 木叶鸮

Otus spilocephalus（Blyth）

目　鸮形目 STRIGIFORME
科　鸱鸮科 Strigidae
属　角鸮属 *Otus*

形态特征　体小(体长约18cm)的茶黄褐色角鸮。成鸟上体(包括两翼和尾羽)棕褐色,而缀以黑褐色虫蠹状细纹;面盘暗黄色,亦有褐色细纹;前额浅皮黄色,亦有暗褐色纤细斑点,并向后延伸,形成浅黄色的眉纹;眼先为浅黄色的刚毛,先端转为暗褐色;耳羽浅棕色,有细小褐色横纹;头顶有浅土黄色而带有暗色边的斑点,这些斑点在后颈稍为粗大,在背部则成为不规则的横斑;后颈领圈不明显;肩羽外翈白色,近尖端处黑色,并在肩部形成1道白色块斑;翅上覆羽几乎与背部同色;小翼羽暗棕褐色,外翈有4道浅黄色斑;初级飞羽暗棕褐色,内翈近基部有浅黄色斑纹,外翈为浅棕栗色;尾下覆羽暗棕栗色而有细小黑色横纹;尾羽棕栗色,有6道近黑色横斑,在羽端部则为模糊的虫蠹状细斑;下体灰棕褐色,有虫蠹状斑,在胸部的斑纹稍大,下腹部近棕白色,到肛区则为近白色,也带有褐色虫蠹状细斑。虹膜黄色;嘴角黄色;跗跖灰黄褐色。

生活习性　留鸟。主要栖息于海拔1600m以下的山地常绿阔叶林和混交林中,有时也到山脚林缘地带。夜行性,在夜晚和黄昏活动,白天多躲藏在阴暗的树叶丛间或洞穴中。繁殖期在4—6月。通常营巢于天然树洞或啄木鸟废弃的洞中。以鼠类、蜥蜴、大的昆虫和昆虫幼虫为食。

地理分布　保护区见于丁步头、双坑口。浙江省内分布范围不断向北扩张,分布于丽水、温州、台州、湖州等地。

保护与濒危等级　国家二级重点保护野生动物;《中国生物多样性红色名录》近危(NT);《IUCN红色名录》无危(LC)。

77　雕鸮　大猫头鹰、大猫王、恨狐、夜猫

Bubo bubo（Linnaeus）

目　鸮形目 STRIGIFORME
科　鸱鸮科 Strigidae
属　雕鸮属 *Bubo*

形态特征　体形硕大（体长约 69cm）的鸮类，是我国鸮类中个体最大的一种。成鸟眼先末端带黑的白须，眼上方有 1 条黑斑；面盘余部淡栗棕色，杂以黑色狭细羽干纹及黑褐细斑；皱领黑褐色，两翈缘棕色；头顶黑色，羽缘棕白色至淡棕色，并缀黑色波状细纹；耳羽外侧黑色，内淡棕色；后颈及上背棕色，布有黑褐色羽干纹，两翈杂以同色细横斑；下背转褐灰色且满杂棕色和黑褐斑，羽干纹黑褐，其末端扩大成块斑；腰及尾上覆羽淡棕色，密杂黑褐色细横斑。中央尾羽黑褐色，有 6~7 道不明显的淡棕色横斑，外侧尾羽横斑宽阔而明显；肩羽及三级飞羽与下背同色；小翼羽及初级覆羽黑褐色，羽基缀以淡棕色至棕色斑，其余覆羽大都淡棕色而布满黑褐色纹和斑点；飞羽黑褐色，带有棕色横斑。颏白色，喉除皱领外也为白色；下体余部棕色，胸部有黑褐色粗形羽干纹和波状细横斑，上腹及两胁的羽干纹细、横斑多而明显；下腹中央几乎为纯色；尾下覆羽较长，呈棕色而杂以黑褐色细横斑；覆腿羽及附跖羽亦为棕色，微杂细横斑；趾羽棕白色。虹膜金黄色；嘴和爪暗铅色，先端黑。

生活习性　留鸟。栖息于山地森林、平原、荒野、林缘灌丛、疏林、裸露的高山和峭壁等各类生境中。通常单独活动，昼伏夜出，前半夜和凌晨活动较频繁。在中国南部地区 12 月便开始繁殖。通常营巢于树洞、悬崖峭壁下的凹处或直接产卵于地上，由雌鸟用爪刨一小坑即成，巢内无任何内垫物，产卵后则垫以稀疏的绒羽。捕食鼠类、黄鼬、野兔、鸟类、蛙及大型昆虫等。

地理分布　保护区仅有历史资料记载。浙江省分布范围较广，但发现地零星分布，不连续。

保护与濒危等级　国家二级重点保护野生动物；《中国生物多样性红色名录》近危（NT）；《IUCN红色名录》无危（LC）。

78 褐林鸮 猫头鹰、山崖

Strix leptogrammica Temminck

目	鸮形目 STRIGIFORME
科	鸱鸮科 Strigidae
属	林鸮属 *Strix*

形态特征 体大（体长约50cm）、全身满布红褐色横斑的鸮鸟。面盘发达；眼周围黑褐色，外部褐白色并杂以暗褐色横纹，眼先白色，羽干黑色；眉纹近白色；上体自头顶至腰大都为暗褐色；上背中间杂以淡色细横斑，此斑向两侧转宽变白，并与颈侧相接，形成一宽阔的领环；背部微杂淡色细横斑；肩羽及尾上覆羽呈褐色与白色横斑相杂状；尾羽暗褐色，端缘白，有8~9条白色的狭窄横斑；翼上覆羽与背色相似，但初级覆羽乌褐色并稍缀淡褐色斑；飞羽与肩色相似，其外侧较暗浓；颏暗褐色，下喉白；下体余部及跗跖羽乳白色，满布浓著的褐色横斑；趾被羽至趾端第1关节处，羽色与跗跖羽相似。虹膜褐色；嘴黄色，基部较暗；爪浅灰色，先端暗褐色。

生活习性 留鸟。栖息于山地森林、热带森林沿岸地区、平原和低山地区。夜行性鸮鸟，常成对或单独活动。白天多躲藏在茂密的森林中，性机警而胆怯，稍有声响，即迅速飞离。繁殖期3—5月。主要营巢于树洞中，有时也在岩壁洞穴中营巢。主要以啮齿类为食，也吃小鸟、蛙、小型兽类和昆虫，偶尔在水中捕食鱼类。

地理分布 保护区见于双坑口、黄桥。浙江省内分布于湖州、杭州、绍兴、金华、衢州、丽水等地。

保护与濒危等级 国家二级重点保护野生动物；《中国生物多样性红色名录》近危（NT）；《IUCN红色名录》无危（LC）。

79 领鸺鹠 小鸺鹠

Glaucidium brodiei（Burton）

目 鸮形目 STRIGIFORME
科 鸱鸮科 Strigidae
属 鸺鹠属 *Glaucidium*

形态特征 纤小（体长约16cm）而多横斑的鸺鹠。成鸟眉纹、眼下及眼先近白色，额至后颈以及头侧、颈侧呈暗褐色，带有棕白色斑点，略呈横斑状；后颈羽基黑色而端部棕黄色，形成显著的领环；肩羽外翈白色；上体余部及翼上覆羽暗褐色，有棕黄色横斑和近棕色端缘；尾羽黑褐色且有棕黄色横斑；外侧飞羽黑褐色；内侧飞羽暗褐色，其外翈均布有棕色至棕黄色点斑，飞羽内翈基部均带白斑；额、颊及下喉白色；上喉与背同色，并与颈侧相连，形成1道半环状横带；下体余部除体侧及覆腿羽与背色相似外，多呈白色；跗跖羽前缘近白色。幼鸟羽色较淡，斑杂，呈灰白色或棕白色。虹膜黄色；嘴绿黄色，基部沾铅色；趾黄绿色，爪角黄色。

生活习性 留鸟。栖息于山地森林和林缘灌丛地带。夜行性，白天多躲藏在树上浓密的枝叶丛间，晚上才开始活动和鸣叫。繁殖期3—6月。通常营巢于树洞和天然洞穴中，也利用啄木鸟的巢。繁殖期间常成对活动，白天也外出捕食，除繁殖期外通常单独活动。主要以鼠类、蝗虫、鞘翅目昆虫为食。

地理分布 保护区见于岭脚、乌岩尖、上芳香、垟岭坑、黄家岱等地。浙江省内主要分布于各地高海拔山地。

保护与濒危等级 国家二级重点保护野生动物；《中国生物多样性红色名录》无危（LC）；《IUCN红色名录》无危（LC）。

80 斑头鸺鹠 横纹小鸺鹠

Glaucidium cuculoides（Vigors）

目　鸮形目 STRIGIFORME
科　鸱鸮科 Strigidae
属　鸺鹠属 *Glaucidium*

形态特征　体小（体长约24cm）而布满棕褐色横斑的鸺鹠。成鸟上体、头颈两侧及两翼表面均呈暗褐色,并密布棕白色细横斑;头顶的横斑尤细而密,部分肩羽及大覆羽的外翈有大的白斑;尾羽及外侧飞羽稍黑,尾羽上有6道明显的白色横斑,尾端亦缀白色,外侧飞羽外翈缀以似三角形的棕色至白色缘斑,内翈有同色横斑;颏、喉白色,上喉中央有1块与颈色相似的斑;胸、上腹及两胁亦与颈色相似;下腹白色,两侧杂以褐色粗纵纹;尾下覆羽纯白色;覆腿羽与背色相似,但斑纹不清晰;跗跖羽白色,其前缘缀以褐斑。虹膜黄色;嘴暗黄色,基部沾褐色;趾暗黄绿色,爪近褐色。

生活习性　留鸟。栖息于阔叶林、混交林、次生林和林缘灌丛,也出现于村寨、农田附近的疏林和树上,分布于从平原、低山丘陵到海拔1600m左右的中山混交林地带。昼夜均有活动,但入夜活动较频繁。繁殖期在3—5月。巢营于树洞中,偶尔利用旧鹊巢。嗜吃昆虫及鼠类,偶尔捕食小鸟、蜥蜴、蛙等小动物。

地理分布　保护区见于榈垟、竖半天、黄桥等地。浙江省广布。

保护与濒危等级　国家二级重点保护野生动物;《中国生物多样性红色名录》无危(LC);《IUCN红色名录》无危(LC)。

81 日本鹰鸮 酱色鹰鸺鹠、乌猫王、青叶鸮

Ninox japonica（Temminck & Schlegel）

目　鸮形目 STRIGIFORME
科　鸱鸮科 Strigidae
属　鹰鸮属 *Ninox*

形态特征　中等体形（体长约 30cm）、大眼睛的深色似鹰样的鸮。成鸟额基及眼先白色，上体及两翼表面大都为深棕褐色，头顶、头侧及上背沾灰；肩羽上有白斑；初级覆羽呈暗褐色；外侧飞羽内翈均有淡褐色横斑，内侧飞羽色稍淡且横斑逐渐转白；翼缘白色；尾羽灰褐色，端缘缀白色，并有 5 道乌褐色横斑。颏白色而杂以黑褐色羽干及羽须；喉、前胸褐色微沾棕色，羽缘白色沾棕；下体余部白色微沾棕色，带有褐色沾棕的粗斑；尾下覆羽白色，稍缀褐斑。虹膜金黄色；嘴绿褐色，嘴峰及下嘴端焦黄色，或嘴暗铅色，嘴峰浅黄绿色；蜡膜暗绿褐色；趾橙黄色或皮黄色沾绿，并被近褐色针状刚毛，爪褐色，先端稍黑，基部沾橙黄色或沾浅黄绿色。

生活习性　冬候鸟。10 月左右抵达浙江省。主要栖息于海拔 1600m 以下的针阔叶混交林和阔叶林，尤喜林中河谷地带，也出现于低山丘陵和山脚平原地带的树林、林缘灌丛、果园、农田的高大树上。翅尖长，善于疾飞。以昆虫为主食，亦食鼠类、小型鸟类及蛙等。

地理分布　保护区见于黄桥等地。浙江省广布。

保护与濒危等级　国家二级重点保护野生动物；《中国生物多样性红色名录》数据缺乏（DD）；《IUCN 红色名录》无危（LC）。

82　短耳鸮　短耳猫头鹰、田猫王、小耳木兔

Asio flammeus（Pontoppidan）

目	鸮形目 STRIGIFORME
科	鸱鸮科 Strigidae
属	耳鸮属 *Asio*

形态特征　中等体形（体长约38cm）的黄褐色鸮鸟。成鸟面盘发达，前半部近白色并缀黑羽，后半部棕黄色至白色并杂以黑褐色羽干纹；眼周及其后相连的块斑黑色；耳羽较短而不显露。上体及尾的表面大都为棕黄色；头顶至后颈满布黑褐色宽阔羽干纹；肩羽带稀疏的白斑；尾羽上有黑褐色横斑，中央尾羽的横斑较宽，斑间还缀以黑褐色斑；翼上覆羽大都为黑褐色。下体淡棕黄色，胸部色浓，布满黑褐

色纵纹，向后逐渐变细；下腹中央以后转淡且几无纵纹，仅尾下覆羽端部有少量褐色羽干纹；跗跖及趾被羽，呈棕白色。虹膜金黄色；嘴和爪呈黑色。

生活习性　冬候鸟。约10月下旬抵达浙江省，翌年4月前离去。栖息于各种开阔地带，如乡村、冻原、低山、丘陵、热带草原、牧草地、荒原、森林边缘的空旷地区，尤以平原草地、沼泽和湖岸地带较多见。昼间静伏，黄昏时飞向附近田野处觅食，常在低空盘旋巡飞，或静候于田野上窥伺猎物，并伺机捕捉。主要捕食啮齿类，也捕食部分昆虫及小鸟等。

地理分布　保护区有历史资料记载。浙江省内分布于杭州、绍兴、宁波、台州、衢州、温州、丽水等地。

保护与濒危等级　国家二级重点保护野生动物；《中国生物多样性红色名录》近危（NT）；《IUCN红色名录》无危（LC）。

83 草鸮 东方草鸮、猴面鹰

Tyto longimembris（Jerdon）

目	鸮形目 STRIGIFORME
科	草鸮科 Tyonidae
属	草鸮属 *Tyto*

形态特征 中等体形(体长约35cm)的鸮类。成鸟面盘发达而大,呈灰栗色,眼前上方有1道浓重的黑褐色斑;皱领棕黄色,与头顶相连处呈浓黑褐色,下半部羽基较淡而羽端缀以浓黑褐色。上体包括翼上覆羽和三级飞羽呈亮黑褐色,各羽近端处缀有白色或棕色细点,羽基棕黄色且常展露于外;后颈羽缘亦为棕黄色;翼缘呈浓棕色,各羽近端处缀以黑褐色细点。尾羽和其余飞羽的表面棕黄色,有若干黑褐色横斑,斑间及羽端还缀以暗褐色斑驳纹路;外侧尾羽内翈转淡,最外侧1对尾羽基部和内翈呈乳白色;飞羽内翈亦转淡,且横斑较窄。下体包括覆腿羽为淡棕色,胸和体侧布满小型暗褐色点;尾下覆羽近白;跗跖大部被羽,与覆腿羽同色。虹膜褐色;嘴淡黄色;跗跖和趾肉褐色,并被以淡色针状纤毛;爪角褐色。

生活习性 留鸟,栖息于中低海拔的低山丘陵、山坡草地和开阔草原等生境。通常昼间潜伏,黄昏开始活动。一年一般繁殖两次,一旦条件允许,其繁殖次数亦可增加。巢多置于较隐蔽、地面有坡度、能保持干燥的草丛间。食物以鼠类为主,亦捕食昆虫、小鸟、小蛇及蛙等。

地理分布 保护区有历史资料记载。浙江省内各地均有分布。

保护与濒危等级 国家二级重点保护野生动物;《中国生物多样性红色名录》数据缺乏(DD);《IUCN红色名录》无危(LC)。

84 红头咬鹃 红姑鸽

Harpactes erythrocephalus（Gould）

目 咬鹃目 TROGONIFORMES
科 咬鹃科 Trogonidae
属 咬鹃属 *Harpactes*

形态特征 体大（体长约33cm）而头红的咬鹃。雄性成鸟头上部及两侧暗赤红色,背及两肩棕褐色,腰及尾上覆羽棕栗色。尾羽最中央的1对栗色,有黑色羽端;相邻1对羽基部及羽干旁边栗色,余部黑色;再向外1对全黑色;最外侧3对为黑色,并带有宽大的白色端斑,其中最外侧的1对外缘全白。翼上小覆羽与背同色;初级覆羽灰黑色;翅余部黑色,其余覆羽、三级飞羽及内侧次级飞羽密布白色虫蠹状细横纹,最外侧7片飞羽有白色的羽干和羽缘。颏淡黑色;喉至胸由亮赤红色至暗赤红色,后者有一白色半环纹,部分个体下胸两侧带有棕褐色成块斑状;身体下部为赤红色至洋红色。雌性成鸟头、颈和胸为纯橄榄褐色;腹部为比雄鸟略淡的红色;翼上的白色虫蠹状纹转为淡棕色。虹膜淡黄色;嘴黑色;脚淡褐色。

生活习性 留鸟,主要栖息于海拔1500m以下的常绿阔叶林和次生林中,特别是次生密林。单个或成对活动。树栖性,或攀于小乔木的顶枝啄食野果,或静立于树上突袭飞过的昆虫,偶尔也尾随着飞虫而去,飞行力较差,虽快而不远。4—7月为繁殖期,在密林深处选枯朽树桩的天然洞穴或啄木鸟废弃的巢洞为巢,洞内无垫物,卵直接产于洞中。主要以昆虫为食,也吃植物果实。

地理分布 保护区见于上芳香、新桥、杨梅坪、陈吴坑、溪斗等地。浙江省内主要分布于台州、温州和丽水等地。

保护与濒危等级 国家二级重点保护野生动物;《中国生物多样性红色名录》近危(NT);《IUCN红色名录》无危(LC)。

85　蓝喉蜂虎　红头吃蜂鸟、食蜂鸟

Merops viridis Linnaeus

目　佛法僧目 CORACIIFORMES
科　蜂虎科 Meropidae
属　蜂虎属 *Merops*

形态特征　中等体形(体长约28cm)的偏蓝色蜂虎,被誉为"中国最美的小鸟"。额至上背均为亮深栗色。下背至尾上覆羽淡蓝色。中央尾羽铜绿色,纤细的端部色淡,羽干大多褐色而端部白。最外侧尾羽的外翈黑褐色,羽缘黑褐。肩羽及两翼表面均为亮丽的深绿色,大覆羽和嘴内侧飞羽带蓝色,其余飞羽的羽端和羽干黑褐色。眼先、眼的下方及耳羽均为黑褐色。颏、喉、两颊蓝色,但颏部稍淡。胸辉绿色,向后渐淡,至尾下覆羽白沾蓝。两胁杂以褐色。胁羽和翼下覆羽深棕色。虹膜红色;嘴、脚黑色。

生活习性　夏候鸟。每年大约在5月下旬抵达浙江省,在9月前离去。栖息于开阔的林缘、草地和河谷。常集小群活动,站在枝头或电线上休息。繁殖期5—7月,繁殖期群鸟聚于多沙地带。营巢于地洞中。主要以各种蜂类为食,也吃其他昆虫。

地理分布　保护区有历史资料记载。浙江省内分布狭窄,主要分布于浙南地区。

保护与濒危等级　国家二级重点保护野生动物;《中国生物多样性红色名录》无危(LC);《IUCN红色名录》无危(LC)。

86 三宝鸟　佛法僧、阔嘴鸟、老鸹翠

Eurystomus orientalis（Linnaeus）

目　佛法僧目CORACIIFORMES
科　佛法僧科 Coraciidae
属　三宝鸟属 *Eurystomus*

形态特征　中等体形（体长约30cm）的深色佛法僧。成鸟头部大而宽阔,头顶扁平。头至颈黑褐色,后颈、上背、肩、下背、腰和尾上覆羽暗铜绿色。两翅覆羽与背相似,但较背鲜亮而多蓝色。初级飞羽黑褐色,基部有一宽的天蓝色横斑;次级飞羽黑褐色,外翈带深蓝色光泽;三级飞羽基部蓝绿色。尾黑色,缀有蓝色,基部与背相同,有时微沾暗蓝紫色。颏黑色,喉和胸黑色沾蓝色,有钴蓝色羽干纹,其余下体蓝绿色。腋羽和翅下覆羽淡蓝绿色。雌鸟似雄鸟,但体色较暗淡,不如雄鸟鲜亮。虹膜暗褐色;嘴朱红色,上嘴先端黑色;脚、趾朱红色,爪黑色。

生活习性　夏候鸟。最早在4月下旬抵达浙江省,9月离去。主要栖息于针阔叶混交林和阔叶林林缘、路边及河谷两岸高大的乔木上。常久立于树梢枯枝上。善于空中飞捕昆虫。繁殖期为5—8月。营巢于针阔叶混交林林缘高大的水曲柳和大青杨树的天然洞穴中,也利用啄木鸟废弃的洞穴作巢。食物主要为鞘翅目、膜翅目等昆虫,如甲虫、金龟子、天牛等。

地理分布　保护区见于碑排、黄泥坳、金竹坑、坑头、楥垟等地。浙江省广布。

保护与濒危等级　浙江省重点保护野生动物;《中国生物多样性红色名录》无危(LC);《IUCN红色名录》无危(LC)。

87　白胸翡翠　白胸鱼狗、翠碧鸟、翠毛鸟、鱼虎

Halcyon smyrnensis（Linnaeus）

目	佛法僧目 CORACIIFORMES
科	佛法僧科 Coraciidae
属	翡翠属 *Halcyon*

形态特征　体略大（体长约27cm）的蓝色及褐色翡翠鸟。成鸟头颈部深栗色。颏部至胸部为白色；肩背、尾上覆羽及尾羽蓝色；小覆羽栗色；中覆羽黑色；大覆羽和次级飞羽蓝色；初级飞羽末端黑色，基部白色，飞行时形成显著对比；翼下覆羽、腹部至尾下覆羽深栗色。虹膜暗褐色；喙红色；跗跖红色；爪黑色。

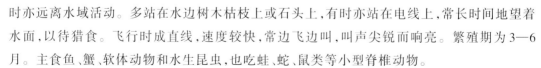

生活习性　留鸟。栖息于山地森林和山脚平原河流、湖泊岸边，也出现于池塘、水库、沼泽和稻田等水域岸边，有时亦远离水域活动。多站在水边树木枯枝上或石头上，有时亦站在电线上，常长时间地望着水面，以待猎食。飞行时成直线，速度较快，常边飞边叫，叫声尖锐而响亮。繁殖期为3—6月。主食鱼、蟹、软体动物和水生昆虫，也吃蛙、蛇、鼠类等小型脊椎动物。

地理分布　保护区有历史资料记载。浙江省内分布于杭州、绍兴、宁波、台州、衢州、金华、温州、丽水等地。

保护与濒危等级　国家二级重点保护野生动物；《中国生物多样性红色名录》无危（LC）；《IUCN红色名录》无危（LC）。

88 蚁䴕　地啄木鸟、蛇颈鸟、蛇皮鸟、歪脖

Jynx torquilla Linnaeus

目	啄木鸟目 PICFORMES
科	啄木鸟科 Picidae
属	蚁䴕属 *Jynx*

形态特征　体小(体长约17cm)的灰褐色啄木鸟。成鸟头顶银灰色,各羽端有银白、黑和栗褐色细斑。眼先棕白色;耳羽栗褐色,有黑褐色细斑。上体淡银灰色,杂以暗褐色虫蚀状细斑;背部中央有黑褐色粗纹;腰和尾上覆羽有较细的黑褐色羽干纹;两翼表面稍沾棕褐色,密布暗褐色虫蚀状细斑。初级飞羽和次级飞羽暗褐色,外翈杂以一系列棕白色至淡栗色横斑;肩羽及三级飞羽有黑褐色羽干纹。尾羽灰褐色,分布黑褐色虫蚀状细纹,并有宽阔的暗褐色横斑。颏黄白色;颊、喉、胸及体侧呈淡棕黄色,缀以狭细的黑褐色横斑。腹黄白色,布满黑褐色矢状细斑;尾下覆羽也带横斑。虹膜淡栗色;嘴和脚均浅灰色。

生活习性　冬候鸟。在9—10月抵达,翌年3—4月迁离。主要栖息于低山和平原开阔的疏林地带,尤喜阔叶林和针阔叶混交林,有时也出现于针叶林、林缘灌丛、河谷、田边和居民点附近的果园等处。喜欢单独活动。受惊时颈部像蛇一样扭转,俗称"歪脖"。食物大多为蚁类及其卵、蛹等,也吃一些小型昆虫;舌长,具钩端及黏液,可伸入树洞或蚁巢中取食。

地理分布　保护区见于三插溪。浙江省广布。

保护与濒危等级　浙江省重点保护野生动物;《中国生物多样性红色名录》无危(LC);《IUCN红色名录》无危(LC)。

89 斑姬啄木鸟 　姬啄木鸟

Picumnus innominatus Burton

目　啄木鸟目 PICFORMES
科　啄木鸟科 Picidae
属　姬啄木鸟属 *Picumnus*

形态特征　纤小(体长约10cm)、橄榄色背、似山雀的啄木鸟。成鸟额至后颈栗色,自眼先有2道白纹沿眼的上、下方向后延至颈侧。耳羽栗褐色。背、腰黄绿色。两翼褐色,表面也呈黄绿色。尾羽大都为黑褐色,中央1对及外侧2对的内翈近端处均具有显著的白斑。颏、喉为白色。下体余部灰白微沾黄绿色。胸部布满大型黑色斑点。两胁后部杂以黑色横斑。虹膜褐色;嘴和脚暗灰色。

生活习性　留鸟。栖息于海拔1600m以下的低山丘陵和山脚平原常绿或落叶阔叶林中,也出现于中山混交林和针叶林地带。尤其喜欢在开阔的疏林、竹林和林缘灌丛中活动。常单独活动,多在地上或树枝上觅食,较少像其他啄木鸟那样在树干攀缘。繁殖期为4—7月。营巢于树洞中。主要以蚂蚁、甲虫和其他昆虫为食。

地理分布　保护区见于上芳香、丁步头、小燕等地。浙江省广布。

保护与濒危等级　浙江省重点保护野生动物;《中国生物多样性红色名录》无危(LC);《IUCN红色名录》无危(LC)。

90 大斑啄木鸟

白花啄木鸟、叨木冠子、
花唪打木、花啄木

目　啄木鸟目 PICFORMES
科　啄木鸟科 Picidae
属　斑啄木鸟属 Dendrocopos

Dendrocopos major（Linnaeus）

形态特征　体形中等（体长约24cm）的黑白相间的啄木鸟。雌、雄相似。雄鸟前额、眼先棕白色；眉纹和颊灰白色；耳羽茶褐色。头顶、后颈与颈侧亮黑色，枕部有1块红色带斑，后颈与颈侧之间有1块从眉纹延伸而来的大型白斑。肩羽、上体至中央尾羽黑色。翼上内侧覆羽纵贯1道白斑；飞羽的内、外翈有穗状白斑，翅折合时形成数道横斑。第3对尾羽黑褐色，羽端有2道白斑；外侧2对尾羽基部黑色；其余尾羽白色并带有黑褐色横斑。下颏、两胁和胸部淡棕色。腹与尾下覆羽红色。雌鸟枕部无红斑，为纯黑色。虹膜暗红色；嘴铅黑色；脚暗红褐色。

生活习性　留鸟。栖息于山地和平原针叶林、针阔叶混交林、阔叶林中，尤以混交林和阔叶林较多，也出现于林缘次生林、农田地边疏林及灌丛地带。繁殖期4—5月，繁殖期常单独或成对活动，繁殖后期则成松散的家族群活动。觅食时常从树的中下部跳跃式地向上攀缘，如发现树皮或树干内有昆虫，就迅速啄木取食，用舌头探入树皮缝隙或从啄出的树洞内钩取害虫。主要以各种昆虫为食，也吃蜗牛、蜘蛛等其他小型无脊椎动物，偶尔也吃松子、草籽等植物性食物。

地理分布　保护区见于上芳香。浙江省内分布于湖州、杭州、衢州、温州、丽水等地。

保护与濒危等级　浙江省重点保护野生动物；《中国生物多样性红色名录》无危（LC）；《IUCN红色名录》无危（LC）。

91 灰头绿啄木鸟 黑枕绿啄木鸟、绿啄木鸟、山啄木鸟

Picus canus Gmelin，JF

目 啄木鸟目 PICFORMES
科 啄木鸟科 Picidae
属 绿啄木鸟属 *Picus*

形态特征 中等体形（体长约27cm）的绿色啄木鸟。雄鸟额和头顶前部红色；头顶后部黑色，带有灰色杂斑；后颈、眼先与额纹黑色；眉纹、颊及耳羽灰色。上体及内侧覆羽灰绿色，翼上初级飞羽黑褐色，外翈有1串白色斑点，次级飞羽及外侧覆羽黄绿色。尾羽黑褐色，中央1对有绿褐色穗状斑。下体灰绿色；翼下覆羽有黑白相间的横斑。雌鸟似雄鸟，但头顶无红斑。虹膜暗红色；嘴铅黑色，嘴基略沾黄绿色；脚铅黑色。

生活习性 留鸟。多栖息于阔叶混交林，有时也出现于针叶林、林缘灌丛、河谷、田边和居民点附近的果园等处。飞行迅速，呈波浪式前进。繁殖期为4—6月。营巢于树洞中，巢洞由雌、雄鸟共同啄凿完成，每年都新啄巢洞，一般不利用旧巢。觅食时，多单独攀爬树干或横枝，搜寻枯树表皮层的昆虫，偶尔会下地寻食蚂蚁，或吃植物果实和种子。

地理分布 保护区见于上芳香、上燕。浙江省内分布于嘉兴、杭州、绍兴、宁波、金华、温州、衢州和丽水。

保护与濒危等级 浙江省重点保护野生动物；《中国生物多样性红色名录》无危（LC）；《IUCN红色名录》无危（LC）。

92 黄嘴栗啄木鸟 黄嘴红啄鴷

Blythipicus pyrrhotis（Hodgson）

目	啄木鸟目 PICFORMES
科	啄木鸟科 Picidae
属	噪啄木鸟属 *Blythipicus*

形态特征 体形略大（体长约30cm）的啄木鸟。雄鸟颈侧及枕部有绯红色的块斑。嘴黄色，嘴端呈平截状。体羽大都栗色，上、下体均有横斑。上体大都棕褐色，下背以下暗褐色；自枕下至颈侧及耳羽后有一大赤红色斑；头顶羽有淡色轴纹；背、尾及翅有黑横斑。下体暗褐色，胸部有淡栗色细羽干纹。雌鸟颈项及颈侧均无红斑。幼鸟头上羽干纹较粗，下体较暗褐色。嘴长而粗壮，鼻孔暴露。圆翅，初级飞羽稍长于次级飞羽。雄鸟虹膜棕红色，雌鸟虹膜灰褐色；嘴黄色，基部沾浅绿色；跗跖和趾淡褐黑色，爪灰绿色。

生活习性 留鸟。主要栖息于山地常绿阔叶林中，冬季也窜到山脚平原和林缘地带活动、觅食。鸣叫声频繁而嘈杂，似八声杜鹃，易与其他啄木鸟区分。繁殖期为5—6月。通常营巢于森林中树上，由亲鸟自己啄洞营巢，巢多选择在树干内面腐朽、易于啄凿的活树或死树上。主要以昆虫为食，也吃蠕虫和其他小型无脊椎动物。

地理分布 保护区见于夏田、上芳香、乌岩尖、双坑口、三插溪、黄泥坳、金针湖、溪斗等地。浙江省内主要分布于浙南地区。

保护与濒危等级 浙江省重点保护野生动物；《中国生物多样性红色名录》无危（LC）；《IUCN红色名录》无危（LC）。

93 红隼 茶隼、红鹞子、红鹰、黄鹰

Falco tinnunculus Linnaeus

目 隼形目 FALCONIFORMES
科 隼科 Falconidae
属 隼属 *Falco*

形态特征 小型(体长约33cm)的赤褐色隼。雄鸟额基、眼先、狭窄的眉棕白色;头顶至后颈暗蓝灰,羽缘稍沾棕色,有黑色的羽干纹;颊、耳羽苍灰色;髭纹灰黑色。背、肩、翼上内侧覆羽及小覆羽、三级飞羽呈棕红色,并缀以大小不一的三角形黑斑;翼上其余羽色大都为黑褐色,飞羽内翈有白色沾棕的横斑;腰及尾上覆羽蓝灰色;尾羽灰色,有宽阔的黑色次端斑,外侧尾羽内翈还杂以狭窄的同色横斑,末端灰白沾棕。颏乳白色;下体棕黄色,布有黑色纵纹,此纹至腹部及两胁转成点斑;尾下覆羽乳白沾棕;覆腿羽棕黄色,稀疏分布着黑色羽干点斑。雌鸟上体包括尾羽大都暗棕红色;头顶及后头褐色沾棕,有黑色羽干纹,上体余部有同色横斑;尾羽约有9条横斑和1道宽阔次端斑,末端棕白色;翼羽与雄鸟相似,飞羽内翈的横斑沾棕较多;下体似雄鸟,但色较淡,且腹及两胁为纵纹而非点斑;覆腿羽斑纹较明显。虹膜暗褐色;嘴蓝灰色,先端黑,基部及蜡膜黄色或黄绿色;跗跖和趾深黄色,爪黑色。

生活习性 留鸟或冬候鸟。根据《浙江动物志》描述,浙江共有两个亚种。在浙江省,普通亚种为冬候鸟。南方亚种为留鸟,两个亚种在温州地区都采到过标本。栖息于山地森林、森林苔原、低山丘陵、草原、旷野、森林平原、农田和村屯附近等各类生境中,尤喜林缘、林间空地、疏林和有稀疏树木生长的旷野、河谷、农田地区。善于在空中短暂停留,以观察猎物,一旦锁定目标,则收拢双翅俯冲而下直扑猎物,然后从地面上突然飞起,迅速升上高空。有时则站立于悬崖的高处,或站在树顶和电线杆上等候,等猎物出现时猛扑而食。繁殖期5—7月。通常营巢于悬崖、山坡岩石缝隙、土洞、树洞,以及喜鹊、乌鸦等在树上的旧巢中。捕食老鼠、雀形目鸟类、蛙、蜥蜴、松鼠、蛇等小型脊椎动物,也吃蝗虫、蟋蟀等昆虫。

地理分布 保护区见于后坑、三插溪、小燕、上燕、何园等地。浙江省广布。

保护与濒危等级 国家二级重点保护野生动物;《中国生物多样性红色名录》无危(LC);《IUCN红色名录》无危(LC)。

94 灰背隼 灰背

Falco columbarius Linnaeus

目　隼形目 FALCONIFORMES
科　隼科 Falconidae
属　隼属 *Falco*

形态特征　体小(体长约30cm)而结构紧凑的隼。雄鸟上体包括尾及两翼的表面呈蓝灰色,羽干黑色,头顶较浓著;后颈有1道棕色领斑,并缀以黑色斑;额、眼先、眉纹、头和颈的两侧近白色稍沾棕,飞羽黑褐色,其外翈缀以灰色点斑,内翈有白色横斑;尾羽上有1道宽阔的黑色次端斑,先端淡灰色或近白色。下体近白色稍沾棕,胸、腹及两胁布满棕褐色粗纹,羽干黑色;覆腿羽呈深棕色,略杂以黑纹。雌鸟和亚成鸟上体包括翼上及尾上覆羽的表面呈暗褐色沾蓝灰,杂以棕褐色羽缘;头顶及后头密缀显著的黑色细纹,翼上覆羽满布棕色横斑;飞羽及尾羽呈黑褐色,端缘近白,飞羽满布棕色横斑,尾羽则杂以棕色或蓝灰色沾棕的横斑;其余的羽色与雄鸟相似,但下体偏棕色,斑纹较粗。虹膜暗褐色;嘴铅灰蓝色,先端近黑色,基部沾黄绿色;蜡膜黄色;跗跖和趾橙黄色,爪黑褐色。

生活习性　冬候鸟。浙江省10月至翌年2月较易见。栖息于开阔的低山丘陵、山脚平原、森林平原、海岸和森林苔原地带,冬季和迁徙季节也见于荒山河谷、平原旷野、草原灌丛和开阔的农田草坡地区。常单独活动,叫声尖锐。多在低空飞翔,在快速鼓翼飞翔之后,偶尔进行短暂的滑翔,发现食物则立即俯冲下来捕食。休息时在地面上或树上。主要以小型鸟类、鼠类和昆虫等为食,也吃蜥蜴、蛙和小型蛇类。

地理分布　保护区有历史资料记载。浙江省内分布于杭州、绍兴、宁波、温州、台州、丽水。

保护与濒危等级　国家二级重点保护野生动物;《中国生物多样性红色名录》近危(NT);《IUCN红色名录》无危(LC)。

95 燕隼 虫鹞、儿隼、蚂蚱鹰、青条子

Falco subbuteo Linnaeus

目 隼形目 FALCONIFORMES
科 隼科 Falconidae
属 隼属 *Falco*

形态特征 体小(体长约30cm)黑白色隼。雄鸟非繁殖羽,头顶及后颈呈灰黑色,头顶部稍沾淡棕,后颈有1道不完整的乳白色沾棕黄的领斑;额基、眼先乳黄色,眉纹近白色;上体余部暗灰色稍沾蓝,羽干黑褐色;尾羽稍淡,外侧尾羽内翈沾棕褐,且满杂以黑褐色横斑。髭纹黑色。飞羽黑褐色,其内翈有不规则的淡棕黄色横斑;翼上余部大都沾灰色。额、喉乳黄沾灰;胸、腹乳黄色沾棕,密杂以黑褐色纵纹;尾下覆羽及覆腿羽呈锈红色。雄鸟繁殖羽上体于冬羽的灰色部分大都沾褐色,翼上覆羽尤为明显;外侧尾羽黑褐色,横斑呈棕红色,其外翈还稀疏分布着同色点状斑。下体与非繁殖期羽色相似,但尾下覆羽及覆腿羽较淡并沾棕黄,且覆腿羽还杂以稀疏的黑褐色楔形羽干纹。雌鸟繁殖羽与雄鸟繁殖羽相似,但尾下覆羽及覆腿羽呈淡棕白色,且覆腿羽的羽干纹较显著。虹膜暗褐色;嘴暗灰色,先端近黑,下嘴基部沾黄;蜡膜和跗跖、趾黄色,爪黑色。

生活习性 留鸟和旅鸟。浙江省内共有两个亚种:南方亚种为留鸟;指名亚种春、秋两季迁徙途经浙江省,为旅鸟。保护区内夏季有南方亚种观察记录。多栖息于有稀树和灌木的开阔生境,也见于林缘地带。常单独或成对活动,停息时大多在高大的树上或电线杆的顶上。繁殖期为5—7月。营巢于疏林或林缘、田间的高大乔木上,通常自己很少营巢,而是侵占乌鸦和喜鹊的巢。常以小型鸟类和昆虫为食。于空中捕食,两翼狭窄而飞行敏捷。

地理分布 保护区见于何园。浙江省广布。

保护与濒危等级 国家二级重点保护野生动物;《中国生物多样性红色名录》无危(LC);《IUCN红色名录》无危(LC)。

96 游隼 黑背花梨鹞、花梨鹰、青燕、鸭虎

Falco peregrinus Tunstall

目　隼形目 FALCONIFORMES
科　隼科 Falconidae
属　隼属 *Falco*

形态特征　体大(体长约45cm)而强壮的深色隼。翅长而尖,眼周黄色,颊有一粗著的垂直向下的黑色髭纹,头至后颈灰黑色,其余上体蓝灰色,尾上有数条黑色横带。下体白色,上胸有黑色细斑点,下胸至尾下覆羽密被黑色横斑。飞翔时翼下和尾下白色,密布白色横带,常在鼓翼飞翔时穿插着滑翔,也常在空中翱翔,野外容易识别。幼鸟上体暗褐色,下体淡黄褐色,胸、腹部有黑褐色纵纹。虹膜暗褐色,眼睑和蜡膜黄色;嘴尖黑色;脚和趾橙黄色,爪黄色。

生活习性　留鸟或冬候鸟。浙江省分布三个亚种:南方亚种为留鸟,在丽水的缙云采到标本;普通亚种和东方亚种为冬候鸟。东方亚种极为罕见,仅记录于浙江缙云(存有标本)。主要栖息于山地、丘陵、荒漠、半荒漠、海岸、旷野、草原、河流、沼泽与湖泊沿岸地带,也到开阔的农田和村屯附近活动。性情凶猛,敢于攻击比自身体形还大的目标,不过动机往往是保卫巢穴和领地。非繁殖季多单独活动。叫声尖锐,略微沙哑。通常在快速鼓翼飞翔时伴随着一阵滑翔,速度极快,为世界上飞行最快的鸟种。繁殖期4—6月(南方亚种),最早于每年3月中旬开始。营巢于林间空地、河谷悬崖、地边丛林以及其他各类生境中人类难以到达的峭壁悬崖上,也营巢于土丘或沼泽上。主要捕食野鸭、鸠鸽类、乌鸦和鸡类等中小型鸟类,偶尔也捕食鼠类和野兔等小型哺乳动物。

地理分布　保护区见于乌岩尖、何园、上芳香等地。浙江省广布。

保护与濒危等级　国家二级重点保护野生动物;《中国生物多样性红色名录》近危(NT);《IUCN红色名录》无危(LC)。

97 黑枕黄鹂 黄鹂、黄鸟、青鸟

Oriolus chinensis Linnaeus

目	雀形目 PASSERIFORMES
科	黄鹂科 Oriolidae
属	黄鹂属 *Oriolus*

形态特征 中等体形(体长约26cm)的黄色及黑色的鹂。雄鸟额基、眼先、过眼至枕部有1条宽阔的黑纹;额部、头顶和上体全为鲜黄色;背部稍沾绿色。小翼羽黑色,初级覆羽基部黑色,羽端黄色;初级飞羽黑色,第2~4枚飞羽外侧有白色狭缘;次级飞羽亦黑色,带有黄色、较宽阔的外缘。尾羽黑色,除中央1对外,先端均带黄色,愈向外侧,黄色部分愈大,最外侧尾羽黄色部分约占尾羽的一半。下体黄色稍淡。雌鸟与雄鸟近似,唯体色较暗淡。虹膜红色;嘴肉红色;脚铅蓝色。

生活习性 夏候鸟。约在4月抵达浙江省,10月离去。主要栖息于低山丘陵和山脚平原地带的天然次生阔叶林、混交林,也出现在农田、原野、村寨附近和城市公园的树上。常单独或成对活动,有时也见3~5只的松散群。主要在高大乔木的树冠层活动,很少下到地面。繁殖期5—7月。通常营巢在阔叶林内高大乔木上,繁殖期隐藏在树冠层枝叶丛中鸣叫。以动物性食物为主,兼食植物果实等。

地理分布 保护区有历史资料记载。浙江省分布较广。

保护与濒危等级 浙江省重点保护野生动物;《中国生物多样性红色名录》无危(LC);《IUCN红色名录》无危(LC)。

98 淡绿鸥鹛

Pteruthius xanthochlorus Gray, JE & Gray, GR

目　雀形目 PASSERIFORMES
科　莺雀科 Vireondiae
属　鸥鹛属 *Pteruthius*

形态特征 体小（体长约 12cm）的橄榄绿色鸥鹛。头顶灰色或蓝灰色，眼圈白色。背橄榄绿色，或上背橄榄灰色，到下背至尾上覆羽才变为橄榄绿色。颏、喉和胸浅灰白色，腹灰黄色，两胁橄榄绿色。虹膜灰色、灰褐色或暗灰色；上嘴黑色，下嘴褐色，基部蓝灰色；跗跖肉色。

生活习性 留鸟。主要栖息于海拔 1000m 以上的山地针叶林和针阔叶混交林中，秋冬季节也下到海拔 1000m 左右的中低山森林和林缘、疏林、灌丛地带。常单独或成对活动，有时亦与其他小鸟一起，常与山雀、鸥及柳莺混群。多活动在密林中的树冠层。性宁静、谨慎，行动迟缓。繁殖期 5—7 月。通常营巢于茂密的森林中，巢由细根和少量苔藓、地衣等材料编织而成。杂食性，以昆虫、植物种子和果实等为食。

地理分布 保护区见于碑排、上芳香、东坑、岭脚、下寮等地。浙江省内分布于杭州、衢州、温州和丽水等地。

保护与濒危等级 《中国生物多样性红色名录》近危（NT）；《IUCN红色名录》无危（LC）。

99 虎纹伯劳 花伯劳、虎伯劳

Lanius tigrinus Drapiez

目	雀形目 PASSERIFORMES
科	伯劳科 Laniidae
属	伯劳属 *Lanius*

形态特征 中等体形（体长约19cm）的伯劳。雄鸟头顶至上背青灰色；自前额基部、眼先向后，经头侧过眼达于耳区，有宽阔的黑色过眼纹；肩、背至尾上覆羽以及内侧翅覆羽为栗褐色，各羽具数条黑色鳞状斑，使整体显现密集的黑色横斑；尾羽棕褐色，各羽具有宽约1.5mm的暗褐色隐横纹，横纹之间的间隔1.5~2cm，外侧尾羽具浅淡端斑；飞羽暗褐色，各羽外缘染以棕红，内侧飞羽更为显著，最内侧数枚飞羽（三级飞羽）的内、外均染棕红，并有类似尾羽的暗褐色隐横纹。下体几全部为纯白色，仅胁部有暗灰色、稀疏、零散的不清晰鳞斑；覆腿羽白色沾淡棕，具黑褐色横斑；腋羽白色。雌鸟额基黑色斑较小；眼先和眉纹暗灰白色；胸侧及两胁白色，杂有黑褐色横斑；余部与雄鸟相似，但羽色不及雄鸟鲜亮。虹膜褐色；嘴黑色；跗跖、趾和爪黑褐色。

生活习性 夏候鸟。多藏于林中。性凶猛，不仅捕虫为食，而且袭击小鸟和鼠类。食物中绝大部分是害虫，如熊蜂、蝗虫、松毛虫、蝇类及各种昆虫。主要以昆虫为食，也取食少量植物。鸟胃内昆虫成虫及虫卵占81.9%，植物性食物（如桑葚和杂草种子）占18.1%。

地理分布 保护区有历史资料记载。浙江省分布较广。

保护与濒危等级 浙江省重点保护野生动物；《中国生物多样性红色名录》无危（LC）；《IUCN红色名录》无危（LC）。

100　牛头伯劳　红头伯劳

Lanius bucephalus Temminck & Schlegel

目　雀形目 PASSERIFORMES
科　伯劳科 Laniidae
属　伯劳属 *Lanius*

形态特征　中等体形（体长约19cm）的褐色伯劳。雄鸟额、头顶、后头均为栗色；眼先、眼下与耳区连成1道黑纹，眉纹白色；背、腰和尾上覆羽均灰褐色略带棕色；中央尾羽黑褐色，其余尾羽灰褐色。飞羽黑褐色，三级飞羽羽缘棕色，初级飞羽从第5枚起基部白色，形成翅斑，翅上覆羽黑色，羽缘棕色。颏棕白色，喉、胸和腹部中央及尾下覆羽均棕白色；喉侧、胸侧和两胁棕黄色，布有暗褐色波纹状斑点。雌鸟与雄鸟相似，但上体较褐，头侧黑色不显，下体波纹状斑点较多。虹膜褐色；嘴黑褐色；跗跖黑色。

生活习性　冬候鸟。浙江省10月至翌年4月易见，栖息于林缘、开阔林地、公园及灌丛中。常单独或成对活动，栖止在枝干和草茎的顶端、电线上，一遇食物，立即急飞捕取，而后返回栖止点。主要以昆虫为食，如甲虫、蟋蟀等。

地理分布　保护区见于长蛇岗、洋溪等地。浙江省广布。

保护与濒危等级　浙江省重点保护野生动物；《中国生物多样性红色名录》无危（LC）；《IUCN红色名录》无危（LC）。

101　红尾伯劳　花虎伯劳、土虎伯劳、小伯劳

Lanius cristatus Linnaeus

目　雀形目 PASSERIFORMES
科　伯劳科 Laniidae
属　伯劳属 *Lanius*

形态特征　中等体形（体长约20cm）的淡褐色伯劳。雄鸟额、头顶淡灰色，头顶后部褐灰色；眼先、眼下、耳羽黑色，形成1道宽阔的黑色纵纹，眉纹白色且较细。上背、肩及两翅内侧覆羽灰褐色，至下背；腰和尾上覆羽渐转棕褐色，尾上覆羽棕色较浓；尾羽大都暗棕褐色，隐约见暗褐色横斑。两翅大都黑褐色，大覆羽、内侧飞羽均有棕白色的羽缘。颏和喉纯白色，胸腹、两胁和尾下覆羽棕白色，下腹中央近白色。雌鸟似雄鸟，但棕色较淡，贯眼纹黑褐色。虹膜褐色；嘴、跗跖均黑色。

生活习性　夏候鸟。大约在5月到达浙江省，10月迁飞。主要栖息于低山丘陵和山脚平原地带的灌丛、疏林、林缘地带，也栖息于草甸灌丛、山地阔叶林、针阔叶混交林林缘灌丛及其附近的小块次生林内。常单独或成对活动，栖息于小树或灌木顶端的枝干上，一遇猎物，直飞急下捕取，再返回栖息点。繁殖期5—7月。营巢于低树枝干间或灌丛中，以草根、草茎、苔藓等为巢材。主要以昆虫等动物性食物为食，主要是直翅目蝗科、螽斯科，鞘翅目步甲科、叩头虫科、金龟子科、瓢虫科，半翅目蝽科和鳞翅目昆虫，偶尔吃少量草籽。

地理分布　保护区见于新增。浙江省分布较广。

保护与濒危等级　浙江省重点保护野生动物；《中国生物多样性红色名录》无危（LC）；《IUCN红色名录》无危（LC）。

102 棕背伯劳 大红背伯劳

Lanius schach Linnaeus

目　雀形目 PASSERIFORMES

科　伯劳科 Laniidae

属　伯劳属 *Lanius*

形态特征　体形略大(体长约25cm),尾长、棕、黑、白色,是伯劳中体形较大者。额部、眼先、耳羽均黑。头顶至上背灰色,上背稍沾棕、下背、肩、腰和尾上覆羽等棕色;尾羽黑色,外侧尾羽羽缘棕色;翅上覆羽黑色,飞羽黑色,内侧飞羽羽缘淡棕色,初级飞羽基部有棕白色块斑。颈侧、颏、喉白色;胸和腹棕白色;两胁和尾下覆羽棕色较深。也有个别个体通体黑色。虹膜褐色;嘴黑色;脚和脚趾黑色。

生活习性　留鸟。主要栖息于低山丘陵和山脚平原地区,夏季可上到海拔1600m左右的中山次生阔叶林和混交林的林缘地带。性凶猛,常站于高处,一见猎物就直下捕杀,亦能在飞行中捕食昆虫。繁殖期4—7月。巢营于灌木丛中,以草茎、草穗、竹叶、嫩枝等为巢材,巢呈深杯状。繁殖期间常站在树顶端枝头高声鸣叫,并能模仿红嘴相思鸟、黄鹂等其他鸟类的鸣叫声。主要以昆虫等动物性食物为食,偶尔也吃少量植物种子。

地理分布　保护区见于小燕、杨梅坪、长蛇岗、道均垟。浙江省广布。

保护与濒危等级　浙江省重点保护野生动物;《中国生物多样性红色名录》无危(LC);《IUCN红色名录》无危(LC)。

103 **白颈鸦** 白脖老鸹、玉颈鸦

Corvus pectoralis（Gould）

目 雀形目 PASSERIFORMES
科 鸦科 Corvidae
属 鸦属 *Corvus*

形态特征 体大（体长约54cm）的亮黑及白色鸦。成鸟后颈、颈侧、上背白色，此色向下延伸至胸部，形成白色的胸环，少数羽毛带有黑色羽轴；通体余部均为纯黑色。上体有紫蓝色反光，翅和尾羽有铜绿色光泽。亚成鸟与成鸟相似，但白色部分不如成鸟显著，而显土黄或浅褐色，黑色部分无紫蓝色反光。虹膜褐色，嘴、脚、爪均黑色。

生活习性 留鸟。栖息于中低山和丘陵平原地区的林缘、疏林，以及农田、村落附近。常见在新耕地上缓步觅食，单独或成对活动。白天到田间、河滩、垃圾堆等处找食，晚间栖息于树上。性机警。栖止时，多伸颈鸣叫。繁殖期3—6月。营巢于高大的常绿树上，巢由枯枝筑成，内衬柔软物质。杂食性，以各类果实、昆虫和其他小型动物等为食，有时也食鸟蛋和雏鸟、腐肉等。

地理分布 保护区见于黄连山、长蛇岗、道均垟、丁步头等地。浙江省内分布于湖州、杭州、绍兴、宁波、舟山、金华、温州、丽水等地。

保护与濒危等级 《中国生物多样性红色名录》近危（NT）；《IUCN红色名录》易危（VU）。

104 云雀 百灵、大鹨、告天鸟、天鹨

Alauda arvensis Linnaeus

<table>
<tr><td>目</td><td>雀形目 PASSERIFORMES</td></tr>
<tr><td>科</td><td>百灵科 Alaudidae</td></tr>
<tr><td>属</td><td>云雀属 Alauda</td></tr>
</table>

形态特征 中等体形（体长约18cm）且带有灰褐色杂斑的百灵。成鸟上体大都沙棕色，各羽纵贯以宽阔黑褐色轴纹，上背和尾上覆羽的黑褐色纵纹较细，棕色较显著；后头羽毛延长，略呈羽冠状。两翅的覆羽黑褐色，具有棕色边缘和先端，初级和次级飞羽亦黑褐色，羽端缀白色，边缘棕色。中央1对尾羽黑褐色，最外侧1对几乎纯白，次1对尾羽的外翈白色，内翈黑褐色，其余尾羽均黑褐色，微带棕白色狭缘。眼先和眉纹棕白色，颊和耳羽均淡棕色，布满细长的黑纹。胸棕白色，密布黑褐色粗纹。下体余部纯白，两胁微有棕色。虹膜暗褐色；嘴角褐色，嘴缘和下嘴基部淡橘色；脚肉褐色，后爪较后趾长而稍直。

生活习性 冬候鸟。在9—10月抵达浙江省。主要栖息于开阔平原、草地、沼泽、农田等生境。喜结群在草地上奔驰，间或挺立，竖起羽冠，受惊时更是如此。雄鸟繁殖季节鸣唱频繁，鸣声婉转嘹亮，常骤然自地面垂直冲上天空，到一定高度时，稍浮翔于空中，而又疾飞直上，边飞边鸣，高唱入云，故名"告天鸟"。以植物种子或果实为主，繁殖季也会大量捕食昆虫。

地理分布 保护区有历史资料记载。浙江省内分布于嘉兴、杭州、宁波、舟山、衢州、温州、丽水等地。

保护与濒危等级 国家二级重点保护野生动物；《中国生物多样性红色名录》无危（LC）；《IUCN红色名录》无危（LC）。

105 棕噪鹛

Garrulax poecilorhynchus Oustalet

目　雀形目 PASSERIFORMES
科　噪鹛科 Leiothrichidae
属　噪鹛属 *Garrulax*

形态特征　体形略大(体长约28cm)的棕褐色噪鹛。成鸟前额、鼻羽、眼先、眼周、耳羽上部及脸的前部均为黑色;头顶至背部和腰部赭褐色;尾上覆羽与背同色,稍转淡栗色。中央尾羽棕栗色;外侧尾羽内翈暗褐色,外翈的棕栗色向外逐渐变淡;最外侧尾羽外翈亦变暗褐色;最外侧3对尾羽具有宽阔白端。两翅的内侧覆羽与背同色;飞羽暗褐色,但外翈棕黄色,向后逐渐减淡,向内渐转成棕栗色。颏黑色,喉、上胸与背同色而较淡,下胸均为灰色,尾下覆羽白色。虹膜灰色;嘴端黄色,嘴基黑色;跗跖铅褐色,爪黄色。

生活习性　留鸟。主要栖息于海拔1000~1600m的山地常绿阔叶林中,尤以林下植物发达、阴暗、潮湿和长满苔藓的岩石地区较常见。常单独或成小群活动。性羞怯,善隐藏,不易见到,但该鸟善鸣叫,又喜成群,显得较嘈杂,常常闻其声而难觅其影。于5月初筑巢于低矮乔木枝丫上,以干燥的树叶、草茎及草根为巢材。食性杂,主食一些昆虫,也吃植物的果实和种子。

地理分布　保护区有历史资料记载。浙江省内分布于湖州、杭州、绍兴、金华、衢州和温州等地。

保护与濒危等级　国家二级重点保护野生动物;《中国生物多样性红色名录》无危(LC);《IUCN红色名录》无危(LC)。

106 画眉 金画眉、画鹛

Garrulax canorus（Linnaeus）

形态特征 体形略小（体长约22cm）的棕褐色鹛。成鸟额棕色，头顶、后颈和上背棕褐色，具有较宽阔的黑褐色轴纹；眼圈白色，此色由眼的上缘向后延伸至颈侧，非常鲜明；耳羽、眼先暗棕色。下背棕橄榄褐色，尾上覆羽色稍淡。翅上覆羽和内侧飞羽与背同色，初级飞羽的外翈稍缀以棕色，内翈基部有宽阔的棕色边缘；尾羽深褐色，带有黑色横斑，羽端暗褐色。颏、喉、上胸棕黄色，缀以暗褐色轴纹；腹部中央灰色；两胁棕褐色；尾下覆羽棕黄色。虹膜淡褐色；上嘴黄褐色，下嘴黄色；跗跖和趾肉黄色。

生活习性 留鸟。主要栖息于海拔1500m以下的低山、丘陵、山脚平原地带的矮树丛和灌木丛中，也栖于林缘、农田、旷野、村落和城镇附近小树丛、竹林、庭园内。多单独或结小群活动，性机敏胆怯，常立树梢枝头鸣叫。画眉擅长鸣唱。繁殖季4—7月。巢筑于茂密草丛。杂食性，但以昆虫为主，尤其在繁殖季节，其中大部分是农林害虫。

地理分布 保护区见于溪斗、杨梅坪、下寮、黄泥岱、金竹坑、榅垟、金针湖、碑排、道均垟、岭北、小燕、陈吴坑等地。浙江省广布。

保护与濒危等级 国家二级重点保护野生动物；《中国生物多样性红色名录》近危（NT）；《IUCN红色名录》无危（LC）。

107 红嘴相思鸟 红嘴绿观音、红嘴玉、相思鸟

Leiothrix lutea（Scopoli）

目 雀形目 PASSERIFORMES
科 噪鹛科 Leiothrichidae
属 相思鸟属 *Leiothrix*

形态特征 颜色艳丽、小巧(体长约15cm)的噪鹛。雄鸟额、头顶、后颈均为带黄的橄榄绿色,后颈黄色稍淡;眼先和眼圈黄白色;额纹暗橄榄绿色;耳羽浅灰色;颊部微黑。上体大都暗灰绿色,尾上覆羽较暗,最长的尾上覆羽有白色的狭端;尾羽暗灰橄榄绿色,呈叉状,羽端和近端的外侧羽片亮蓝黑色;飞羽暗褐色,向内转为黑褐色;初级飞羽外翈黄色,从第3枚起羽基约1/3朱红色,构成鲜明的翼斑;次级飞羽的外翈基部橄榄灰色,第1枚到第4枚或第5枚中段边缘橙黄色,端部约占羽长2/3的边缘黑色。颏和上喉鲜黄色;下喉和胸部深橙黄色;腹部灰白色,两胁浅黄灰色;尾下覆羽浅黄色。雌鸟和雄鸟大致相似,但翼斑朱红色为橙黄色所取代,眼先白色,微沾黄色。虹膜褐色;雄鸟嘴赤红色,雌鸟嘴暗红色,基部转黑;跗跖绿黄色。

生活习性 留鸟。主要栖息于山区常绿阔叶林、针阔叶混交林、竹林等中,非繁殖季也见于山脚和平原。常结群活动于植被中下层,也与其他鹛类混群,声喧闹而不惧人,鸣声多变、悦耳。繁殖期5—7月,繁殖季节雌、雄常成对活动,形影不离。通常营巢于林下、林缘灌木丛、竹丛中,巢呈深杯状。食物以昆虫为主,还吃大量的植物性食物(如种子、果实等)。

地理分布 保护区见于溪斗、三插溪、双坑口、下寮、竖半天、碑排等地。浙江省内分布于湖州、杭州、绍兴、宁波、台州、金华、衢州、温州和丽水。

保护与濒危等级 国家二级重点保护野生动物;《中国生物多样性红色名录》无危(LC);《IUCN红色名录》无危(LC)。

108　普通鸸　穿树皮、松枝儿、贴树皮

Sitta europaea Linnaeus

目　雀形目 PASSERIFORMES
科　鸸科 Sittidae
属　鸸属 *Sitta*

形态特征　中等体形(体长约13cm)而色彩优雅的鸸。雄鸟上体自额至尾上覆羽呈灰蓝色；嘴基贯眼一直延伸达上肩部。中央尾羽与上体同色；其余尾羽黑色，端缘乌灰色，此色向外侧渐扩大并沾褐色；外侧2对尾羽的内翈有白斑，最外侧1对的外翈中部有1块楔形白斑。飞羽浅黑褐色；内侧飞羽外翈羽缘似背部颜色，外侧飞羽内翈基部有1块白色块斑。颏污白色；颈侧及下体余部大都肉桂棕色；两胁呈显著的栗色；尾下覆羽近灰白色，带有栗色羽缘。雌鸟羽色与雄鸟相似，但两胁及尾下覆羽栗色较淡。虹膜褐色；嘴暗褐色，下嘴基部沾蓝色或淡黄色；脚肉褐色。

生活习性　留鸟。常栖息于山区林间及山脚林缘，偶见于城区公园的大树上。喜在老龄的阔叶树上或混交林中觅食。常在树上贴着树干做螺旋式攀行，啄食昆虫，动作敏捷，觅食时不甚畏人。繁殖约始于5月初。巢营于树洞中，通常利用啄木鸟遗弃的旧巢洞或树干中的天然洞。食物以昆虫为主，也食植物性食物。

地理分布　保护区有历史资料记载。全省仅有历史资源记载，近年来省内无重新发现记录。

保护与濒危等级　浙江省重点保护野生动物；《中国生物多样性红色名录》无危(LC)；《IUCN红色名录》无危(LC)。

109　红喉歌鸲　西伯利亚歌鸲、红颏、点颏、红脖、野鸲

Calliope calliope（Pallas）

目　雀形目 PASSERIFORMES
科　鹟科 Muscicapidae
属　歌鸲属 *Calliope*

形态特征　中等体形（体长约17cm）的歌鸲。雄鸟大部分为橄榄褐色；眉纹白色；颏部、喉部红色，周围有黑色狭纹；胸部灰色；腹部白色。雌鸟颏部、喉部为白色；胸沙褐色；眉纹和颧纹淡黄色且不明显。虹膜褐色或暗褐色；嘴暗褐色，基部较淡；脚粉褐色或黄色。

生活习性　旅鸟。主要栖息于低山丘陵和山脚平原地带的次生阔叶林和混交林中，也栖息于平原地带繁茂的草丛或芦苇丛间，尤其喜欢靠近溪流等近水地方。地栖性，一般不在大树上活动。繁殖期5—7月。营巢于灌木丛的小树杈上。主要以昆虫为食，也吃少量植物性食物。

地理分布　保护区见于小燕。浙江省内分布于杭州、绍兴、宁波、舟山、温州、丽水等地。

保护与濒危等级　国家二级重点保护野生动物；《中国生物多样性红色名录》无危（LC）；《IUCN红色名录》无危（LC）。

110 **白喉林鹟** 白颈甲鹟

Cyornis brunneatus（Slater）

形态特征 中等体形（体长约 15cm）而偏褐色鹟。成鸟上体，包括两翅及尾暗黄褐色，腰及尾羽沾棕色；眼先浅褐色，眼圈皮黄色；下体的颏、喉均白色，各羽都带有纤细的淡褐色端斑，胸及两胁淡橄榄褐色，并在胸部形成不明显的横带，腹部及尾下覆羽均白色，腿覆羽淡褐色。虹膜暗褐色；上嘴暗褐色，嘴角和下嘴淡黄色；脚肉色。

生活习性 夏候鸟。大约 5 月抵达浙江，8 月左右迁离。主要栖息于常绿阔叶林和竹林、次生林中。性羞怯，多隐匿于密林中，常伫立于枝头等处静候，一旦飞虫临近，立即迎头衔捕，然后又回原地栖止。5—7 月左右繁殖。繁殖季在树上或洞穴内以苔藓、树皮、毛、羽等编成碗状巢。一般以昆虫为食。

地理分布 保护区见于乌岩尖、双坑口、上芳香、芭蕉湾。浙江省内分布于湖州、杭州、绍兴、台州、衢州、温州、丽水等地。

保护与濒危等级 国家二级重点保护野生动物；《中国生物多样性红色名录》易危（VU）；《IUCN红色名录》易危（VU）。

111　小太平鸟　　十二红

Bombycilla japonica（Siebold）

目　雀形目 PASSERIFORMES
科　太平鸟科 Bombycillidae
属　太平鸟属 *Bombycilla*

形态特征　体形略小（体长约16cm）。雄鸟额、头顶前部栗褐色，头顶后部栗灰色，形成明显的羽冠。额基部、眼先、眼上缘至枕部呈黑色。上体背肩部灰褐色沾棕，腰及尾上覆羽淡灰褐色。尾羽灰褐色，次端黑褐色，先端红色。初级飞羽黑褐色，外侧羽缘灰色，自第2枚以内的先端有白色斑；次级飞羽黑褐色；大覆羽外侧羽缘红色。颏和喉黑色；胸及腹侧栗灰色；下腹黄白色，尾下覆羽栗色。雌鸟体色似雄鸟，颜色稍淡。虹膜暗红色；嘴和脚黑色。

生活习性　冬候鸟。大约于12月抵达浙江，翌年3月迁离。栖息于山地的针叶林、针阔叶混交林、阔叶林的林缘地带。性情活跃，不停地在树上跳上飞下。除饮水外，很少下地。常结群出现于有浆果的植物中上层，有时与太平鸟混群。以植物果实及种子为主食，秋、冬季的食物有卫矛、鼠李，兼食少量昆虫。

地理分布　保护区有历史资料记载。浙江省内分布于杭州、绍兴、宁波、舟山、台州、温州、丽水等地。

保护与濒危等级　《中国生物多样性红色名录》无危（LC）；《IUCN红色名录》近危（NT）。

112 丽星鹩鹛

Elachura formosa（Walden）

目	雀形目 PASSERIFORMES
科	丽星鹩鹛科 Elachuridae
属	丽星鹩鹛属 *Elachura*

形态特征 体小（体长约 10cm）而尾短的鹩鹛。成鸟上体（包括两翅覆羽）暗褐色；腰和尾上覆羽均沾棕色，各羽均带有 1 个白色次端点斑，白点前后均有黑色边缘；飞羽内翈暗褐色，外翈棕褐色，带黑色横斑；尾羽淡棕褐色，亦有黑色横斑。下体暗黄色，腹和两胁转为棕色，喉和胸部各羽有白点，腹部分布黑色的小斑。虹膜褐色；嘴呈灰褐色；跗跖及趾亦然。

生活习性 留鸟。主要栖息于海拔 1000~1600m 的山地森林中，尤以林下灌木和草本植物发达的阴暗而潮湿的常绿阔叶林、溪流与沟谷林中较常见。性羞怯。善于在地面奔跑，除非迫不得已，一般很少起飞，每次飞行距离亦很短，多在树丛间飞翔穿梭。繁殖期 4—7 月。通常营巢于茂密森林中的地面，巢呈杯状。主要以昆虫为食。

地理分布 保护区见于三插溪、木岱山、黄连山、金竹坑、垟岭坑、乌岩尖、石境、里光溪、炉坪等地。浙江省内主要分布于南部山地丘陵，近年在浙北也有记录。

保护与濒危等级 《中国生物多样性红色名录》近危（NT）；《IUCN 红色名录》无危（LC）。

113 红胸啄花鸟

Dicaeum ignipectus（Blyth）

目　雀形目 PASSERIFORMES
科　啄花鸟科 Dicaeidae
属　啄花鸟属 *Dicaeum*

形态特征　体形纤小(体长约9cm)的深色啄花鸟。雄鸟上体呈金属绿蓝色,尾上覆羽稍沾蓝灰;两翅的小覆羽和中覆羽与背同色;大覆羽和飞羽暗褐色,外侧羽片带暗绿色光泽,次级飞羽边缘橄榄黄色;尾羽暗褐色,微渲染蓝灰色;眼先、颊、耳羽、颈侧和胸侧黑色,微杂以橄榄黄或灰色;颏、喉棕黄色;胸部有朱红色横斑;腹、尾下覆羽浓棕黄色,腹部中央纵贯以宽而曲折的黑纹;两胁橄榄绿色;腋羽白色,微沾黄色;翅下覆羽纯白色。雌鸟上体暗橄榄绿色,头顶羽基暗褐色,呈斑驳状;下背和腰沾黄色;飞羽暗褐色,外侧飞羽有淡色狭缘,内侧飞羽边缘橄榄绿色,翅上覆羽暗褐色,飞羽羽干黑色;眼先灰白色;颊和耳羽呈沾灰的橄榄绿色,颊部缀以白色斑点。颏、喉棕黄色近白;下体余部浓棕黄色;胸侧和两胁橄榄绿色;腋羽白色,微沾淡黄色;翅下覆羽白色。虹膜褐色;嘴黑褐至灰褐色;脚暗褐色。

生活习性　留鸟。主要栖息于低山丘陵和山脚平原地带的阔叶林、次生阔叶林。常成3~5只的小群,活动于高树顶处,有时也同绣眼鸟等混群。性活泼,跳跃敏捷,对人不甚畏惧,很容易靠近观察。繁殖期4—7月。营巢于阔叶树上,巢呈椭圆形的囊袋状,主要由植物茎、种子毛、花序、蛛丝等材料编成。主要取食昆虫及浆果等。

地理分布　保护区见于桥头岗、乌岩尖、朱家滩、金针湖等地。浙江省内主要分布于温州和丽水。

保护与濒危等级　浙江省重点保护野生动物;《中国生物多样性红色名录》无危(LC);《IUCN红色名录》无危(LC)。

114　叉尾太阳鸟　燕尾太阳鸟

Aethopyga christinae Swinhoe

目　雀形目 PASSERIFORMES
科　花蜜鸟科 Nectariniidae
属　太阳鸟属 *Aethopyga*

形态特征　体小(体长约10cm)而纤弱的太阳鸟。雄鸟额、头顶、后颈黑色,羽末端有金色和绿色光泽。上体肩、背、腰呈橄榄绿色;尾上覆羽和中央尾羽辉金绿色;中央尾羽向后延长,似针状,延长部分呈黑色;其余尾羽黑色,外侧尾羽有白色端斑。飞羽黑色;除最外侧2枚初级飞羽及小覆羽外,各羽外翈缘均或多或少沾橄榄绿色,内翈缘略带白色。颏、喉和上胸赤红色;下胸至尾下覆羽黄绿色。雌鸟上体与雄鸟略同,但色较暗淡;飞羽暗褐色,外翈缘沾绿;颊、喉至上胸黄绿色;下体余部淡绿黄色。虹膜暗褐色;嘴黑色;脚暗褐色。

生活习性　留鸟。栖息于有树林的山地、开阔地甚至城镇,常出入开花的矮丛及树木,如刺桐、合欢、羊蹄甲等。常成对活动,性活泼,不停地在枝梢间跳跃飞行,行动敏捷,鸣声细而尖。3—5月繁殖。以草茎、苔藓为巢材,巢呈梨状,系于悬垂的枝叶上。主要以小昆虫和花蜜为食。

地理分布　保护区见于木岱山、前垟、新桥、黄泥岱、上岱、道均垟等地。浙江省广布。

保护与濒危等级　浙江省重点保护野生动物;《中国生物多样性红色名录》无危(LC);《IUCN红色名录》无危(LC)。

115 **黑头蜡嘴雀** 蜡嘴雀、窃脂、青雀

Eophona personata（Temminck & Schlegel）

目	雀形目 PASSERIFORMES
科	燕雀科 Fringillidae
属	蜡嘴雀属 *Eophona*

形态特征 体大（体长约20cm）而墩圆的雀鸟。雄鸟额、头顶、嘴基四周和眼周辉蓝黑色；上体余部（包括颈侧）均浅灰而沾淡褐色，腰和尾上覆羽的灰色较淡；最长的尾上覆羽和尾羽均为黑色，带金属反光；小覆羽黑色，带有光泽；中、大覆羽亦为辉黑色，最内侧的覆羽与背部同色；小翼羽、初级覆羽和初级飞羽深黑色，第1枚的内翈，次4枚的内、外翈，再次3枚的外翈均有白斑；外侧次级飞羽亦辉铜黑色，内侧次级飞羽与肩同色；喉、胸和两胁均呈浅灰沾淡褐色，至腹部转白；尾下覆羽、腋羽和翼下覆羽均为白色。雌鸟与雄鸟同色，但上体颜色比较褐灰。虹膜深红色；嘴蜡黄色；脚肉褐色。

生活习性 冬候鸟。大约于11月下旬抵达浙江省，翌年3月迁离。栖息于海拔1300m以下的乔木林和平原杂木林中，也见于果园、城市公园和农田地边的树上。性大胆，不惧人，多集合成小群，很少为大群，冬季常与黑尾蜡嘴雀混群活动。食物随季节略有差异，主要吃浆果、植物种子，繁殖期间几乎全为昆虫。

地理分布 保护区见于溪斗。浙江省广布。

保护与濒危等级 《中国生物多样性红色名录》近危（NT）；《IUCN红色名录》无危（LC）。

116　白眉鹀　白三道儿、五道眉、小白眉

Emberiza tristrami Swinhoe

目　雀形目 PASSERIFORMES

科　鹀科 Emberizidae

属　鹀属 *Emberiza*

形态特征　体大(体长约20cm)而墩圆的雀鸟。雄鸟自额至颈及耳羽棕褐色,羽端沾棕灰色;眉纹与颊纹白色;眼先、贯眼纹和颚纹黑色;颚纹之后为1块白斑;颈侧眉纹之后有1块灰色斑。上背棕黄色;下背及翼上内侧覆羽棕红色,带有黑褐色羽干纹;腰及尾上覆羽纯棕红色;外侧覆羽及飞羽褐色,羽缘棕红色,内侧飞羽褐色较深;中央尾羽棕褐色,其余为黑褐色,最外侧2对有白色楔形斑。下颏与喉部污灰色;前胸深棕色,羽缘棕黄色;后胸中央及尾下覆羽棕白色,腹黄白色,后胸及腹部两侧棕黄色。雌鸟头部及上体棕红色较少;眉纹、颊纹及颚纹后之白斑沾污;贯眼纹和颚纹黑褐色;下体前胸淡棕色。虹膜黑褐色;嘴褐色;脚肉黄色。

生活习性　旅鸟,最早于10月抵浙江省,翌年4月北迁。栖息于低山丘陵地带的林缘、次生灌丛和农田边草丛中,不喜无林的开阔地带。常单只或成对活动,性喜静而胆怯,一见有人走过,立刻起飞,隐藏于较远的树间或草下。主要以草籽及昆虫等为食。

地理分布　保护区见于岭脚、石佛岭、双坑口、黄家岱、岭北、小燕、陈吴坑、黄连山、库竹井等。浙江省广布。

保护与濒危等级　《中国生物多样性红色名录》近危(NT);《IUCN红色名录》无危(LC)。

117 田鹀 白眉儿、花眉子、田雀

Emberiza rustica Pallas

目	雀形目 PASSERIFORMES
科	鹀科 Emberizidae
属	鹀属 *Emberiza*

形态特征 体形略小(体长约14cm)而色彩鲜明的鹀。雄鸟头顶、耳羽黑色,羽缘黄褐色;羽冠、眉纹和额纹黄白色。上体赤褐色,背羽有黑褐色羽干纹。两翼黑褐色,内侧3枚次级飞羽和翼上覆羽色较深,前者羽端白或黄白色,形成2道斑。尾羽黑褐色,最外侧2对尾羽有楔形白斑,中央尾羽两侧色淡,羽缘土黄色。下颏黄白色,两侧有黑褐色腮纹。下体余部除栗色胸带和两胁的栗色纵纹外,均为白色。雌鸟与雄鸟相似,羽色较浅,头部黄褐色,有黑褐色羽干纹,眉纹、颧纹及下颏均为土黄色。虹膜褐色;嘴褐色,尖端黑色;脚肉黄色。

生活习性 冬候鸟。最早于10月抵达浙江省,翌年3月下旬迁离。栖息于平原的杂木林、灌丛和沼泽草甸中,也见于低山的山麓及开阔田野,迁徙时成群,并与其他鹀类混群。性颇大胆,不甚畏人,冬季常单独活动。繁殖于欧洲北部和西伯利亚地区。以各种野生杂草的种子、松子为食,也吃一些昆虫和蜘蛛等。

地理分布 保护区见于何园。浙江省广布。

保护与濒危等级 《中国生物多样性红色名录》无危(LC);《IUCN红色名录》易危(VU)。

第三节 爬行类

118 鼋

Pelochelys cantorii Gray

目	龟鳖目 TESUDINES
科	鳖科 Trionychidae
属	鼋属 *Pelochelys*

形态特征 体形较大,背盘长549~800mm。头中等大,头背较宽、平,皮肤光滑。吻圆,吻前端形成一短的吻突。鼻孔位于吻端,眼小,位于额背侧方。体背与颈背基本光滑,但有因皮肤褶皱形成的粗细网纹。骨质背甲较圆,前缘平,后缘微凹。板面密布似虫蚀样凹纹。颈板宽,肋板8对,上腹板小,为内腹板所分隔,左、右上腹板不相接。腹部胼胝在舌腹板、下腹板及剑腹板处发达。四肢形扁,趾、指间蹼发达,均具3爪。雌性尾短,尾仅稍露出背盘或不达背盘后缘,雄性尾长。体背灰黑色,微带橄榄色,腹面黄白色。

生活习性 喜栖于水流缓慢的深水江河、水库中。白天隐于水中,常浮出水面呼吸,晚间在浅滩处觅食。肉食性,常捕食鱼、虾、螺、蚬等动物。5—9月为繁殖期。

地理分布 保护区仅有历史资料记载。浙江省内分布范围极其狭窄,数量极其稀少,现仅在温州永嘉、平阳,丽水莲都、青田、缙云、云和等地偶有发现记录。

保护与濒危等级 国家一级重点保护野生动物;《中国生物多样性红色名录》极危(CR);《IUCN红色名录》濒危(EN)。

119 中华鳖

Pelodiscus sinensis Wiegmann

目　龟鳖目 TESUDINES
科　鳖科 Trionychidae
属　鳖属 *Pelodiscus*

形态特征　体形中等大,背盘长 192~345mm。吻长,形成肉质吻突,鼻孔位于吻突端。眼小,瞳孔圆形。颈长,颈背有横行皱褶而无显著瘰粒。背盘卵圆形,后缘圆,其上无角质盾片,而被覆柔软的革质皮肤。骨质背板后的软甲部分有大而扁平的棘状疣,腹甲平坦、光滑,腹甲后叶短小。四肢较扁,指、趾均具 3 爪,满蹼。体背青灰色、黄橄榄色或橄榄色。腹乳白色或灰白色,有灰黑色排列规则的斑块。雌鳖尾较短,不能自然伸出裙边,身体较厚;雄鳖尾长,尾基粗,能自然伸出裙边,身体较薄。

生活习性　栖息于江河、湖沼、池塘、水库等水流平缓、鱼虾繁盛的淡水水域。以鱼、虾、水生昆虫为食。4—8月为繁殖期。

地理分布　保护区见于三插溪等广阔河流水塘。浙江省历史上曾广泛分布,现野生中华鳖踪迹难觅。

保护与濒危等级　《中国生物多样性红色名录》濒危(EN);《IUCN红色名录》易危(VU)。

120　平胸龟

Platysternon megacephalum Gray

形态特征　体形中等,背、腹极扁平。背甲长卵圆形,长80.5~174mm,四肢强,被覆瓦状排列的鳞片。前缘大鳞排列成行。前肢5爪,后肢4爪,指、趾间具蹼。尾长,几与背甲等长,其上覆以环状排列的短矩形鳞片。头、背甲、四肢及尾背均为棕红色、棕橄榄色或橄榄色。头背有深棕色细线纹,头侧眼后及腭缘有棕黑色纵纹。背甲有虫蚀纹及浅黄色细点。每一盾片上的放射纹为黑褐色,盾缘色较深。腹甲及缘盾腹面为黄橄榄色,有的缀有黄点。四肢前缘的成排大鳞上有黄色斑点或橘黄色斑点。雄性头侧、咽、颏及四肢均缀有橘红色斑点。

生活习性　生活于山区多石的浅溪中。攀缘能力强,性情凶猛。食性较广,以肉食为主,爱吃蟹、螺、蜗牛、蠕虫及鱼等动物,也吃野果。一般6—9月为繁殖期。

地理分布　保护区见于双坑口、三插溪等地。浙江省内分布范围已非常狭窄,数量稀少,近年来在富阳、衢州、龙游、三门、天台、缙云等地偶有发现记录。

保护与濒危等级　国家二级重点保护野生动物;《中国生物多样性红色名录》极危(CR);《IUCN红色名录》濒危(EN)。

121 乌龟

Mauremys reevesii（Gray）

目　龟鳖目 TESUDINES
科　地龟科 Geoemydidae
属　拟水龟属 *Mauremys*

形态特征　体形中等,吻短。背甲较平扁,长 73.1~170mm,有 3 条纵棱。背甲盾片常有分裂或畸形,致使盾片数超过正常数目。腹甲平坦,几与背甲等长,前缘平截,略向上翘,后缘缺刻较深。四肢略扁平,前臂及掌跖部有横列大鳞。指、趾间均为全蹼,具爪,尾较短小。生活时,背甲棕褐色,雄性几近黑色。腹甲及甲桥棕黄色,雄性色深。每一盾片均有黑褐色大斑块,有时腹甲几乎全被黑褐色斑块所占,仅在缝线处呈棕黄色。头部橄榄色或黑褐色。头侧及咽喉部有暗色镶边的黄纹及黄斑,并向后延伸至颈部,雄性不明显。

生活习性　常栖于江河、湖沼或池塘中。吃蠕虫、螺类、虾及小鱼等动物,也吃植物茎、叶等。

地理分布　保护区见于双坑口、里光溪、左溪、三插溪等地。为我国常见龟类,浙江省历史上曾广泛分布,现野生乌龟踪迹难觅。

保护与濒危等级　国家二级重点保护野生动物;《中国生物多样性红色名录》濒危(EN);《IUCN红色名录》濒危(EN)。

122 崇安草蜥　崇安地蜥

Takydromus sylvaticus（Pope）

目	有鳞目SQUAMATA
科	蜥蜴科 Lacertidae
属	草蜥属 *Takydromus*

形态特征　体长150~300mm。头长约为头宽的2倍,吻窄长,吻棱明显。鼻鳞延伸至吻背,但左、右鼻鳞在吻背不相切。颊鳞每侧前、后各2枚,前颊鳞远小于后颊鳞。颌片4对,依次增大,颌围不发达。背鳞较侧鳞略大,棱强,排列不呈明显的纵行,逐渐过渡到体侧的粒鳞。躯干中段1横排有背鳞及侧鳞44枚。腹鳞大,排成6纵行,中央4行最大且平滑,两面外侧2行稍小,具弱棱且游离缘尖出。四肢较短小而纤细,前、后肢贴体相向时略超越。指、趾侧扁,末节基部尤细窄,与近端各节间略呈弓曲。尾细长,背覆起棱的大鳞。鼠蹊孔3对。生活时背面暗绿色,腹面色较浅,体侧有1条白色纵纹。

生活习性　善于攀草爬树,常趴伏于茶树、芒萁等草灌丛中。白天行动迅捷,警惕性高;夜晚常栖息于林缘树枝、草叶上。

地理分布　保护区见于双坑口、上芳香等地。浙江省内分布于苍南、婺城、武义、江山、莲都、龙泉、景宁等地。

保护与濒危等级　浙江省重点保护野生动物;《中国生物多样性红色名录》濒危(EN);《IUCN红色名录》无危(LC)。

123 脆蛇蜥

Dopasia harti Boulenger

目　有鳞目SQUAMATA
科　蛇蜥科 Anguidae
属　脆蛇蜥属 *Dopasia*

形态特征　体较粗壮,无四肢。全长 470~665mm。体侧自颈后至肛侧各有纵沟 1 条。头长大于头宽,头宽大于头高。体侧纵沟间背鳞 16~18 纵行,中央 10~12 行鳞大而起棱,前、后棱相连续成为清晰的纵脊,这些纵脊自颈后一直延伸至尾末端。腹鳞光滑,体侧两纵沟间腹鳞数均为 10 行。尾长一般不超过头体长的 1.5 倍,有的仅达 1.0 倍。尾部鳞片均起棱。半阴茎分叉,似桑葚状。体背浅褐色及灰褐色,部分个体为红褐色。体背前段有 20 多条不规则蓝黑色或天蓝色的横斑及点斑;大部分个体自颈部至尾端有色深形粗的纵线,此纵线延至体后更为清晰,有的纵线纹呈锯齿状;腹面色泽变化大,腹部无斑纹。

生活习性　生活于海拔 500~1500m 的山地、农田、草地和岩隙间。有时阵雨后出来活动,行动似蛇,但较缓慢,靠身体左右摆动前进。尾极易断,但能再生。以蠕虫、蜗牛、蛞蝓等为食。

地理分布　保护区见于三插溪、黄桥、双坑口等地。浙江省内分布于安吉、临安、建德、余姚、开化、江山、遂昌、龙泉、庆元、景宁等地。

保护与濒危等级　国家二级重点保护野生动物;《中国生物多样性红色名录》濒危(EN);《IUCN红色名录》无危(LC)。

124 钩盲蛇 铁丝蛇、盲蛇

Indotyphlops braminus（Daudin）

目 有鳞目 SQUAMATA
科 盲蛇科 Typhlopidae
属 印度盲蛇属 *Indotyphlops*

形态特征 体形较小，全长约100mm，圆柱形。尾短，末端有一细小的尖鳞，呈针刺状。形状与蚯蚓相似。头小，略扁，半圆形，与躯干分界极不明显。眼小，呈一黑点隐藏于眼鳞之下。通身被以大小相似的平滑圆鳞，背鳞和腹鳞分化不明显，体鳞环体一周20行。腹鳞300~303行，尾下鳞11~12行。生活时，身体黑褐色，背部较深，腹部较浅，具金属光泽。吻端、肛部及尾尖染以白色。

生活习性 栖居山区地下、校园、公园等处的泥土、砖缝中、石下、水沟旁或花盆下，营穴居生活。食白蚁、其他昆虫的卵、幼虫、蛹、成虫、蚯蚓等。

地理分布 保护区见于黄桥等地。浙江省内分布于临安、常山、普陀等地。

保护与濒危等级 浙江省重点保护野生动物；《中国生物多样性红色名录》数据缺乏（DD）；《IUCN红色名录》无危（LC）。

125 白头蝰

Azemiops kharini Orlov Ryabov & Nguyen

目	有鳞目SQUAMATA
科	蝰科 Viperidae
属	白头蝰属 *Azemiops*

形态特征 体圆筒形,全长500~980mm,略扁平,尾短。头较大,近梯形,与颈部区分明显。吻端钝圆,眼较小,瞳孔纵置,椭圆形。体背面紫棕色至棕黑色,有镶黑边的红色窄横纹26~38条,成对交互排列或在体背中央相连。头背面浅棕白色,吻部略带粉红色,头顶中央有一浅色纵斑,其两侧具有浅褐色条形斑块。头腹面浅棕色,杂以白色或灰白色斑纹。腹面藕褐色,前端有棕色斑。

生活习性 生活于山区及丘陵地带,晨昏时活动最为频繁,栖息于草地、路旁、碎石滩、农田等多种生境,有时出现在住宅附近。分布海拔100~1600m。白头蝰为管牙类毒蛇,主要以小型啮齿类和食虫类为食。

地理分布 保护区有历史资料记载。浙江省内分布于淳安、永嘉、平阳、泰顺、义乌、武义、开化、温岭、天台、仙居、莲都、龙泉、缙云等地,分布虽然较广,但发现地分散且不连续。

保护与濒危等级 浙江省重点保护野生动物;《中国生物多样性红色名录》易危(VU);《IUCN红色名录》无危(LC)。

126 角原矛头蝮

Protobothrops cornutus（Smith）

目 有鳞目SQUAMATA
科 蝰科 Viperidae
属 原矛头蝮属 *Protobothrops*

形态特征 体稍粗壮,全长500~700mm。头近似三角形,与颈部区分明显;具颊窝。吻端钝圆,吻背低平。鼻孔近圆形,眼较大,瞳孔纵置,长椭圆形。上眼睑向上有1对向外侧突出的角状物。上颌有1对长而弯曲的管牙。体灰褐色,体背中央有1列镶浅色边的黑褐色长方形斑块,斑块外缘颜色较深,内部颜色稍浅,在背脊两侧交互排列。头背鼻鳞至对侧角基部有深褐色X形斑,从角后侧至枕部有1对黑褐色弧斑;眼后至口角有1条黑褐色粗条纹,唇缘有黑褐色斑块。体侧色浅,有不规则浅灰褐色斑,腹面灰褐色,两侧有深褐色斑。

生活习性 生活于丘陵及山区,郁闭度较高的常绿阔叶林和林下草地,常见于溪流附近。生境内栖息大量两栖动物和小型哺乳类,以捕食鼠类为主。分布海拔300~700m。

地理分布 保护区见于双坑口。浙江省内分布范围极其狭窄,数量极其稀少,现已知仅分布于仙居括苍山和泰顺乌岩岭。

保护与濒危等级 国家二级重点保护野生动物;《中国生物多样性红色名录》极危(CR);《IUCN红色名录》近危(NT)。

127　尖吻蝮　蕲蛇、五步蛇

Deinagkistrodon acutus（Günther）

目	有鳞目SQUAMATA
科	蝰科 Viperidae
属	尖吻蝮属 *Deinagkistrodon*

形态特征　体形粗壮，尾短而细。全长1000~1800mm。头甚大，明显呈三角形，与颈可以明显区分。吻端尖突，向上翘曲，吻鳞甚高而狭长，构成吻尖的腹面。眼较小，瞳孔纵置，椭圆形。体背中央有18~25个大型菱斑，彼此以尖角相互连接，菱斑边缘浅灰褐色，中央为略深的褐色。体侧有与菱斑交互排列的三角状斑，外缘色深，近黑褐色，内部棕褐色，中央色浅。体腹面乳白色，有交互排列的黑色斑块，每一斑块占1~3枚腹鳞。头背面黑褐色；头侧面黄白色，眼后至口角有一黑褐色粗纹，或与头背面的黑褐色相连；头腹面白色，散布黑褐色点斑。

生活习性　生活于山区或丘陵地带，常见于山溪旁阴湿岩石上或落叶间、草丛中，甚至进入住宅内。白昼多盘伏不动，夜间较为活跃，并有趋光性。捕食各种脊椎动物，以蛙类和鼠类为主，也吃鱼、蜥蜴、鸟类等。分布海拔100~1500m。

地理分布　保护区见于双坑口、上芳香、叶山岭、里光溪等地。浙江省除海岛外，分布较广泛。

保护与濒危等级　浙江省重点保护野生动物；《中国生物多样性红色名录》濒危（EN）；《IUCN红色名录》易危（VU）。

128 台湾烙铁头蛇 山竹叶青

Ovophis makazayazaya（Takahashi）

目　有鳞目 SQUAMATA
科　蝰科 Viperidae
属　烙铁头蛇属 *Ovophis*

形态特征　体粗壮,尾短。全长 400~700mm。头短而宽,略呈三角形,与颈可以明显区分。吻棱不明显,具颊窝。眼小,瞳孔纵置,椭圆形。体背棕褐色,背中央有 2 行略呈方形的黑褐色或深棕褐色斑块,交互排列或在背中央相连。体两侧各有 2 行深棕或黑褐色点斑,外侧者较为显著,内侧者有时不显,与背中央大斑两两相对排列。腹面带白色,散布棕色细点,或交织成网状纹。头背黑褐色;头侧面浅褐色,眼后至口角有一黑褐色粗纹,或与头背黑褐色相连;头腹面浅褐色,散布深棕色细点。

生活习性　生活于山区,常栖息在灌木丛、草丛或耕地,也见于路旁,甚至进入住宅区域。夜间活动,行动迟缓。捕食啮齿类和食虫类动物,也食蛙类。卵生。

地理分布　保护区见于双坑口、叶山岭、竹里、上燕等地。浙江省内分布于临安、衢州、江山、天台、仙居、莲都、龙泉、遂昌、景宁等地。

保护与濒危等级　《中国生物多样性红色名录》近危(NT);《IUCN 红色名录》无危(LC)。

129　银环蛇　寸白、白节蛇

Bungarus multicinctus Blyth

目	有鳞目SQUAMATA
科	眼镜蛇科 Elapidae
属	环蛇属 *Bungarus*

形态特征　体圆筒形。全长1000mm左右。头较小,椭圆形,稍宽于颈,与颈部区别较不明显;吻端钝圆。眼较小,瞳孔圆形。背鳞平滑,通身15行,脊鳞扩大,呈六角形。体背黑色,有30~65条白色横纹相间,白色横纹在体背占1~1.5个背鳞宽度,至体侧逐渐加宽为2~3个背鳞宽度。腹面黄白至灰白色,散有黑褐色细点。

生活习性　栖息于平原及丘陵地带多水之处。昼伏夜出,行动较为迟缓。主要以鳝鱼、泥鳅、蛙类、蜥蜴、蛇类及鼠类为食,以捕食鳝鱼和泥鳅最多。卵生。分布海拔0~1200m。

地理分布　保护区见于双坑头、陈吴坑、黄桥、三插溪、竹里、上地等地。浙江省广布。

保护与濒危等级　《中国生物多样性红色名录》濒危(EN);《IUCN红色名录》无危(LC)。

130 舟山眼镜蛇 饭铲头、犁头扑

Naja atra Cantor

目　有鳞目SQUAMATA
科　眼镜蛇科 Elapidae
属　眼镜蛇属 *Naja*

形态特征　体较粗长,圆筒形。全长1200mm左右。头大小适中,卵圆形,与颈部区别较不明显;吻端钝圆。眼中等大,瞳孔圆形。体背暗褐色至黑色,有单条或双条形的黄白色细横纹10~19条,较不整齐,有时极不明显甚至消失。颈背有一黄白色横带,形似眼镜,中央及两端宽,带内有黑色斑点,此横带往往有多种变化。头腹面至体前段腹面黄白色,颈部腹面有一黑色宽横带,其上方两侧各具一黑色圆点。体中段之后的腹面渐成灰褐色。

生活习性　广泛分布于平原、丘陵、山区各地,住宅附近也常出现。昼行性。卵生。食性很广,捕食鼠、鸟、蜥蜴、蛇、蛙、鱼类,甚至同类。分布海拔0~1600m。

地理分布　保护区见于双坑口、竹里、杨寮、里光溪、左溪、洋溪、黄桥等地。浙江省广布。

保护与濒危等级　浙江省重点保护野生动物;《中国生物多样性红色名录》易危(VU);《IUCN红色名录》易危(VU)。

131 眼镜王蛇 过山风、山万蛇

Ophiophagus hannah（Cantor）

目　有鳞目 SQUAMATA
科　眼镜蛇科 Elapidae
属　眼镜王蛇属 *Ophiophagus*

形态特征　体粗而长,略平扁。全长 2000mm 以上。头较大,卵圆形,与颈部区别不明显;吻端较钝。眼较小,瞳孔圆形。体背橄榄褐色至黑色,具有镶黑边的黄白色窄横带 45~62 条,鳞片边缘色深,形成网纹状。颈背有倒 V 形黄白色斑纹。腹面灰褐色,具有黑色线状斑纹。头腹面黄色,颈下有 2~3 条黑色宽横带,有时中断。幼体体色与成体不同,颜色较鲜艳,吻背和眼前各有 1 条黄色横纹,眼后也有 2 条黄白色横纹,体背黑色,具有黄白色窄横斑。

生活习性　生活于平原至高山林木中,多见于林缘近水处。昼行性。主要以其他蛇类和蜥蜴类为食,也吃鸟类和小型兽类。卵生,雌性有护卵习性。分布海拔 300~1600m。

地理分布　保护区见于洋溪、左溪、黄桥等地。浙江省内分布范围极其狭窄,数量稀少,近年来仅庆元、泰顺等地有记录。

保护与濒危等级　国家二级重点保护野生动物;《中国生物多样性红色名录》濒危(EN);《IUCN红色名录》易危(VU)。

132 中华珊瑚蛇

Sinomicrurus macclellandi（Reinhardt）

目	有鳞目 SQUAMATA
科	眼镜蛇科 Elapidae
属	中华珊瑚蛇属 *Sinomicrurus*

形态特征 体形细长,圆筒形。全长 500~700mm。头小,椭圆形,与颈部区别不明显;吻端圆钝。体背面棕红色,具平直的黑色横带,在体背 19~39 道、尾背 3~7 道,宽度约占 1 个鳞片长度,横带前后镶以黄白色细纹。两横带中间有成对小黑点分列背脊两侧。腹面黄白色,具有左右相接的不规则黑斑。头背黑色,有 2 道黄白色横带,前面的 1 道细窄,有时不显,位于吻端后方,后面的 1 道甚宽阔。

生活习性 生活于山区森林或平地丘陵,有时藏于地表枯枝败叶下。常于夜间活动。捕食其他蛇和蜥蜴类。卵生。分布海拔 200~1600m。

地理分布 保护区见于黄桥等地。浙江省内分布于西湖、余杭、临安、余姚、永嘉、吴兴、天台、仙居、莲都、龙泉、景宁等地。

保护与濒危等级 《中国生物多样性红色名录》易危(VU);《IUCN 红色名录》无危(LC)。

133　台湾小头蛇
Oligodon formosanus（Günther）

目　有鳞目SQUAMATA
科　游蛇科 Colubridae
属　小头蛇属 *Oligodon*

形态特征　体圆柱形。全长400~950mm。头甚短小,卵圆形,与颈部区分不明显;吻端略圆。体背颜色变化较多,棕黄色至灰褐色,具有多数距离相等的黑色波状细横纹,有时横纹不甚明显,背中央有时有1条红色至棕红色纵纹。头背斑纹略呈"灭"字形,两眼间有一褐色弧状横纹,经眼延伸至下唇,头背两侧自顶鳞至颈侧各有1条褐色纹,额鳞后部至颈背有1条褐色箭状纹。腹面近白色,有不规则黑色斑点,有时腹面后部粉红色。

生活习性　生活于平原及高山。夜行性。捕食其他爬行类的卵。卵生。行动缓慢,性羞怯,受惊扰时盘曲身体后部并露出腹部红色。

地理分布　保护区有历史资料记载。浙江省内分布于临安、岱山、武义、天台、乐清、平阳、龙泉等地。

保护与濒危等级　《中国生物多样性红色名录》近危(NT);《IUCN红色名录》无危(LC)。

134 **饰纹小头蛇** 黄腹红宝蛇
Oligodon ornatus Van Denburgh

目	有鳞目 SQUAMATA
科	游蛇科 Colubridae
属	小头蛇属 *Oligodon*

形态特征 体圆柱形。全长 500mm 左右。头甚短小,卵圆形,与颈部区分不明显;吻端略圆。背鳞平滑、无棱,通身 15 行。体背黄褐至棕褐色,有时有不清晰的黑褐色纵纹 4 条,以及有 9~13 条黑褐色横纹,横纹边缘锯齿状,两横纹间终点有成对的黑褐色斑点。头背有倒 V 形黑褐色斑纹 3 条,第 1 条在两眼间经眼延伸至下唇,第 2 条自额鳞后方延伸至颈侧,第 3 条短,自顶鳞后方延至颈背。腹面黄白色,具不规则黑色斑点,腹面中央有 1 条红色纵纹。

生活习性 生活于高山森林。捕食其他爬行类的卵。卵生。行动缓慢,性羞怯,受惊扰时盘曲身体后部并露出腹部的红色。分布海拔 700~1400m。

地理分布 保护区见于黄家峪、碑排、岭北等地。浙江省内分布于临安、鄞州、乐清、平阳、泰顺、安吉、武义、江山、岱山、天台、莲都、龙泉等地。

保护与濒危等级 《中国生物多样性红色名录》近危(NT);《IUCN 红色名录》无危(LC)。

135 乌梢蛇 乌蛇、乌风蛇

Ptyas dhumnades（Cantor）

目　有鳞目SQUAMATA
科　游蛇科Colubridae
属　鼠蛇属*Ptyas*

形态特征　体细长。全长1500~2000mm。头中等大，略呈长方形，与颈部区分较明显；吻端平钝。眼大，瞳孔圆形。头及体背橄榄褐色至棕黑色，前段背鳞边缘或后半部色深，形成网状斑纹，体侧有2条黑色纵纹，在体前段较为明显。上唇鳞黄白色。腹面前段黄白色至灰黄色，后段渐变为棕黑色或灰黑色。

生活习性　生活于丘陵和平原地带，多在白昼活动，常见于农耕区水域附近。行动敏捷迅速，性情较为温顺。主食蛙类，也吃鱼、蜥蜴、鸟、鼠类。卵生。分布海拔50~1570m。

地理分布　保护区见于双坑口、上芳香、叶山岭、黄桥、三插溪、竹里、上地、黄家岱、碑排、岭北等地。浙江省广布。

保护与濒危等级　《中国生物多样性红色名录》易危（VU）；《IUCN红色名录》无危（LC）。

136 灰鼠蛇 青梢蛇、黄金蛇

Ptyas korros（Schlegel）

目 有鳞目SQUAMATA

科 游蛇科 Colubridae

属 鼠蛇属 *Ptyas*

形态特征 体细长。全长1000~2000mm。头中等大,略呈长方形,与颈部区分较明显;吻端平钝。眼大,瞳孔圆形。头及体背灰褐色至灰黑色,每片背鳞后缘色深,上、下两侧边较浅,相互交织成细网纹,在身体后部更加明显。唇缘及腹面黄白至浅黄色,近尾部的腹鳞及尾下鳞两侧缘黑色。

生活习性 生活于丘陵和平原地带。昼夜活动。行动敏捷迅速,性情较温顺。捕食蛙、蜥蜴,也食小鸟、鼠类。卵生。分布海拔200~1600m。

地理分布 保护区有历史资料记载。浙江省内历史上曾广泛分布,现野外踪迹难觅。

保护与濒危等级 《中国生物多样性红色名录》易危(VU);《IUCN红色名录》近危(NT)。

137 滑鼠蛇 水律蛇

Ptyas mucosa（Linnaeus）

目　有鳞目SQUAMATA
科　游蛇科Colubridae
属　鼠蛇属 *Ptyas*

形态特征　体粗而长。全长1500~2500mm。头中等大，略呈长方形，与颈部区分较明显；吻端平钝。眼大，瞳孔圆形。头及体背橄榄褐色至黑褐色，每片背鳞边缘或后半部色深，形成不规则黑色横斑，在身体后部更加明显，或相互交织成细网纹。上唇鳞黄白色，后缘灰黑色。腹面黄白色，腹鳞后缘黑色。

生活习性　生活于山地丘陵和平原地带。多在白昼活动。行动敏捷迅速，性情凶猛，受惊扰可抬起并侧扁前半身呈攻击状。捕食蛙、蜥蜴、蛇、鸟、鼠类。卵生。分布海拔200~1600m。

地理分布　保护区有历史资料记载。浙江省内历史上曾广泛分布，现野外踪迹难觅。

保护与濒危等级　浙江省重点保护野生动物；《中国生物多样性红色名录》濒危(EN)；《IUCN红色名录》无危(LC)。

138　福清白环蛇

Lycodon futsingensis（Pope）

目　有鳞目SQUAMATA
科　游蛇科 Colubridae
属　链蛇属 *Lycodon*

形态特征　体形正常。全长600mm左右。头中等大小,与颈部区分较明显。体色较多变化,体背面黑色,有19~33条白色、浅橘黄色至褐色波状横纹,横纹边缘不整齐,中央有时散有褐色。横纹在颈部距离较宽。头背黑褐色,头后部至颈前部颜色较浅,为灰白色至浅褐色。腹面灰白色,无完整的横纹,中段以后散有黑色点斑,向后此斑点密集,至尾下为灰黑色。

生活习性　生活于山区和丘陵地带,常于林中灌丛、草丛、田间、溪边、路旁活动。以蜥蜴、壁虎、昆虫等为食。卵生。分布海拔400~1000m。

地理分布　保护区见于双坑口、左溪等地。浙江省内分布于泰顺、德清、东阳、临海、莲都、缙云等地。

保护与濒危等级　《中国生物多样性红色名录》近危(NT);《IUCN红色名录》无危(LC)。

139　玉斑锦蛇　神皮花蛇、玉带蛇

Euprepiophis mandarinus（Cantor）

目	有鳞目SQUAMATA
科	游蛇科Colubridae
属	玉斑蛇属*Euprepiophis*

形态特征　体呈圆柱形。全长1000mm左右。头呈卵圆形，略扁平，与颈部区分不明显；吻短，吻端钝圆。眼小，瞳孔圆形。体背面紫灰或灰褐色，背中央有1行24~40个约等距排列的大形黑色菱斑，菱斑中心及外缘黄色。体侧除菱斑外的每枚鳞片有1个紫红色小斑点。头背部黄色，吻背和两眼之间各有一弧形黑色横带，后者经眼分为前、后二叉，延伸至上唇缘。枕部有一倒V形黑斑延伸至口角。腹面灰白色，散有长短不一、交互排列的黑斑。

生活习性　生活于山区森林，常栖息于居民点附近的水沟边或山上草丛，住宅旁也常有发现。主要以鼠类等小型兽类为食，也吃蜥蜴。卵生。分布海拔200~1600m。

地理分布　保护区见于黄家岙、三插溪、上地、竹里等地。浙江省内分布于余杭、临安、定海、普陀、诸暨、东阳、开化、天台、永嘉、缙云、遂昌、景宁、龙泉等地。

保护与濒危等级　浙江省重点保护野生动物；《中国生物多样性红色名录》易危（VU）；《IUCN红色名录》无危（LC）。

140 **王锦蛇** 油菜花、王蛇、松花蛇
Elaphe carinata (Günther)

目	有鳞目 SQUAMATA
科	游蛇科 Colubridae
属	锦蛇属 *Elaphe*

形态特征 体长而粗壮。全长 1500~2500mm。头中等大,卵圆形,与颈部区分略明显;吻端钝圆。体背面黑黄间杂,呈横纹或网纹状,在体前部横纹较明显,头背黄色,各鳞缘明显黑色,鼻间鳞与前额鳞鳞缘形成"王"字形黑纹。腹面黄色,具黑斑。幼蛇体色与成体有显著差异,头体背茶褐色,枕部有 2 条短黑纵纹,体背前中部具有不规则的黑色短横斑,至体后部逐渐消失,体后部两侧有黑色细纵纹,腹面黄白色。

生活习性 生活于丘陵和山地,在平原的河边、库区及田野均有栖息。爬行速度快,行动敏捷,性情较凶猛,善攀缘。昼夜均活动。食性广泛,捕食蛙、蜥蜴、其他蛇类、鸟和鼠类。卵生。分布海拔 0~1000m。

地理分布 保护区见于双坑口、金刚厂、上芳香、里光溪等地。浙江省广布。

保护与濒危等级 浙江省重点保护野生动物;《中国生物多样性红色名录》濒危(EN);《IUCN红色名录》无危(LC)。

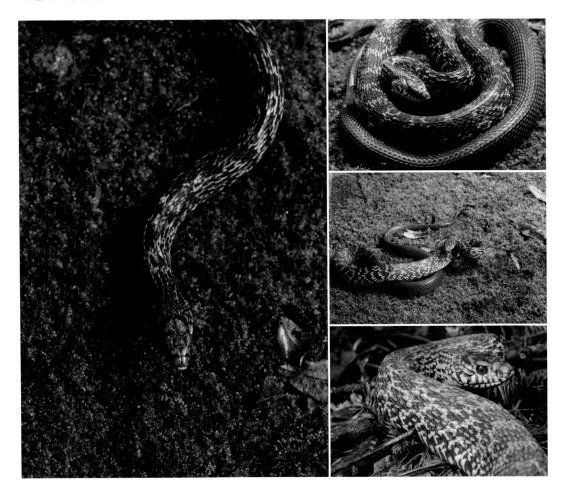

141 黑眉锦蛇 家蛇、菜花蛇

Elaphe taeniura（Cope）

目　有鳞目 SQUAMATA
科　游蛇科 Colubridae
属　锦蛇属 *Elaphe*

形态特征　体较细长。全长 1500~2500mm。头窄而长,略呈梯形,与颈部区分明显;吻长,吻端窄而平截。眼大,瞳孔圆形。头及体背黄绿色至灰褐色,体背前中段具黑色横纹或哑铃状斑纹,至后段逐渐不显,体侧前部有 1 列黑色斑块,或呈网纹状,至体侧后部渐变为黑色方形斑块,间隔以白色横纹,尾端变为黑色纵带。上、下唇鳞及下颌淡黄色,眼后有 1 条黑色粗纹延伸至颈部。腹面灰黄色至浅灰色。

生活习性　生活于平原、丘陵和山地,常在房屋及其附近栖居。行动迅速,善攀爬。食鼠类、鸟和鸟蛋。卵生。分布海拔 200~1600m。

地理分布　保护区见于上燕、双坑口、上芳香、里光溪等。浙江省广布。

保护与濒危等级　浙江省重点保护野生动物;《中国生物多样性红色名录》濒危(EN);《IUCN红色名录》易危(VU)。

142 赤链华游蛇 水赤链

Trimerodytes annularis（Hallowell）

目　有鳞目 SQUAMATA
科　游蛇科 Colubridae
属　华游蛇属 *Trimerodytes*

形态特征　体形正常。全长 500mm 左右。头较小，卵圆形，与颈部区分较不明显。眼中等大，瞳孔圆形。体背面灰褐色，体侧较浅，有环绕周身的黑色环纹 40~60 个。环纹在上方与颜色较深的背部相混而不明显，在体侧及腹面清晰。头背暗褐色，上唇鳞黄白色，鳞沟黑色。腹面除环纹以外为橘红色至橙黄色。

生活习性　半水生蛇类。生活于沿海低地以及内地的平原、丘陵、山区，常见于稻田、池塘、溪流等水域及其附近。白天活动，善游水。主食鱼类，也食蛙、蝌蚪等。卵生。分布海拔 100~1000m。

地理分布　保护区见于碑排、岭北、黄连山、溪斗、寿泰溪等地。浙江省广布。

保护与濒危等级　《中国生物多样性红色名录》易危（VU）；《IUCN 红色名录》无危（LC）。

143 乌华游蛇 草赤链

Trimerodytes percarinatus（Boulenger）

目 有鳞目SQUAMATA
科 游蛇科 Colubridae
属 华游蛇属 *Trimerodytes*

形态特征 全长500~800mm。头中等大，略呈五边形，与颈部区分略明显。眼大，瞳孔圆形。体背面灰色至灰褐色，体侧较浅，有54~74个环绕周身的黑色环纹。环纹在上方与颜色较深的背部相混而不明显，体侧及腹面清晰，前后两两相接，呈Y形。头背橄榄灰色，上唇鳞灰黄色，鳞沟黑色。腹面黄白色，环纹往往模糊不清，形成灰褐色杂斑。

生活习性 半水生蛇类。生活于山区溪流或水田内，常见于稻田、池塘、溪流等水域及其附近。白天活动，善游水。主食鱼类，也食蛙、蝌蚪和甲壳类。卵生。分布海拔100~1600m。

地理分布 保护区见于双坑口、金刚厂、上芳香、叶山岭、里光溪、双坑头、黄桥、三插溪、上燕、石角坑、竹里、上地、黄家岱、碑排、岭北、黄连山、寿泰溪等地。浙江省大部分山区有分布。

保护与濒危等级 《中国生物多样性红色名录》易危（VU）；《IUCN红色名录》无危（LC）。

◆ 第四节 两栖类

144 中国大鲵 娃娃鱼、大鲵
Andrias davidianus（Blanchard）

目 有尾目 CAUDATA
科 隐鳃鲵科 Cryptobranchidae
属 大鲵属 *Andrias*

形态特征 全长 1m 左右，大者可达 2m 以上。体大而扁平。头大扁平而宽阔，吻端圆。眼睛很小，无眼睑。体表光滑湿润，躯干粗壮扁平，体侧有宽厚的纵行肤褶和若干圆形疣粒。四肢粗短，后肢略长。指、趾扁平，蹼不发达，仅趾间有微蹼。尾长约为头体长的一半，尾基部略呈柱状，向后逐渐侧扁，尾背鳍褶高而厚，尾末端钝圆。生活时体色变异较大，一般以棕褐色为主。背面有不规则的黑色或深褐色的各种斑纹，腹面色较浅，四肢外侧多有浅色斑。

生活习性 一般栖息于海拔 1000m 以下、水流较急而清凉的溪河中。白天常藏匿于溪中洞穴内，捕食主要在夜间进行。食性广，主要以蟹、蛙、鱼、虾、水生昆虫等为食。

地理分布 保护区见于乌岩岭。浙江省内原生中国大鲵基本上已绝迹，野外所见个体多为增殖放流。

保护与濒危等级 国家二级重点保护野生动物；《中国生物多样性红色名录》极危（CR）；《IUCN 红色名录》极危（CR）。

145 秉志肥螈 水和尚
Pachytriton granulosus Chang

目 有尾目CAUDATA
科 蝾螈科 Salamandridae
属 肥螈属 *Pachytriton*

形态特征 体长115~178mm。体形肥壮。头扁平,长大于宽;吻部较长,吻端圆。犁骨齿列呈∧形。躯干圆柱状,背腹略扁平,肋沟11条左右。背脊棱不隆起且略成纵沟。前肢、后肢粗短,指、趾均具缘膜。尾基部宽厚,后半段逐渐侧扁,末端钝圆,尾背鳍褶达体背前方。生活时体背面褐色或黄褐色,无黑色斑点,背侧常有橘红色斑点。头体腹面橘红色,有少数褐色短纹或蠕虫状斑纹。四肢、肛孔和尾下缘橘红色,有的雄性个体尾末段两侧各有1个银色斑。皮肤光滑,体两侧和尾部有细横皱纹。

生活习性 生活于海拔50~800m、水流较平缓的多砂石的清凉山溪内。成体以水栖为主,白天常匍匐于水底石块上或隐于石下,夜晚多在水底爬行。主要捕食水生昆虫、螺、虾、蟹等小动物。

地理分布 保护区见于双坑口、白云尖、金刚厂、上芳香、叶山岭、里光溪等地。浙江省广布。

保护与濒危等级 浙江省重点保护野生动物;《中国生物多样性红色名录》数据缺乏(DD);《IUCN红色名录》无危(LC)。

146 橙脊瘰螈

Paramesotriton aurantius Yuan, Wu, Zhou & Che

目 有尾目 CAUDATA
科 蝾螈科 Salamandridae
属 瘰螈属 *Paramesotriton*

形态特征 雄性长 109~152mm，雌性长 130~153mm。体较细长，头长大于头宽。舌短，卵圆形。犁骨齿列呈∧形，在两内鼻孔中间会合，前部中央有一浅沟槽。背脊棱褐色、明显。前肢长，前伸贴体时超过吻端。指、趾间无蹼，指 4 个，趾 5 个。尾长，尾后半部鳍褶明显扩展，尾端钝圆。皮肤粗糙，腹面皮肤褶皱有小瘰粒。生活时头体、四肢、尾背面和侧面深褐色，腹面较浅，淡棕褐色。肛后方至尾前半部下缘有一橙红色纵纹。体表大部分均有不规则黄色斑点和橙色斑块。尾侧从基部至端部有一明显白色带纹。指、趾端浅黄色。

生活习性 生活于高山湿地及附近地区。成体夏、秋季节栖息于林中，冬、春季节聚集于溪流缓流区域，推测此时可能为繁殖期。

地理分布 保护区见于双坑口、上芳香、叶山岭、里光溪、陈吴坑、黄桥、三插溪、寿泰溪等地。浙江省内分布于苍南、景宁等地。

保护与濒危等级 国家二级重点保护野生动物；《中国生物多样性红色名录》未予评估（NE）；《IUCN红色名录》易危（VU）。

147　中国瘰螈　水壁虎

Paramesotriton chinensis（Gray）

目　有尾目CAUDATA
科　蝾螈科Salamandridae
属　瘰螈属*Paramesotriton*

形态特征　雌、雄体长接近,长126~151mm。体形中等。头扁平,其长大于宽;吻端平截,鼻孔位于吻端两侧。瞳孔椭圆形。犁骨齿列呈∧形。躯干呈圆柱状,肋沟无,背脊棱很明显。前肢长,贴体向前指末端达或超过眼前角。指、趾均无缘膜,略平扁,无蹼。尾基较粗,向后侧扁,末端钝圆,尾鳍褶薄。雄性繁殖季节尾部具有一灰白色条带。生活时全身褐黑色或黄褐色。其色斑有变异,有的个体背部脊棱和体侧疣粒棕红色,有的体侧和四肢上有黄色圆斑。体腹面橘黄色小斑的深浅和形状不一,尾肌部位为浅紫色。皮肤粗糙,头体背面满布细小瘰疣,尾后部无疣。

生活习性　次成体常见于丘陵、山区,陆栖生活;成螈繁殖季节生活于海拔30~850m的丘陵、山区的宽阔、多砂石、水流较为缓慢的流溪中。白天成螈隐蔽在水底石间或腐叶下,有时游到水面呼吸空气,阴雨天气常登陆,在草丛中捕食昆虫、蚯蚓、螺类及其他小动物,主要以螺类为食。

地理分布　保护区见于黄连山、寿泰溪等地。浙江省分布较广。

保护与濒危等级　国家二级重点保护野生动物;《中国生物多样性红色名录》近危(NT);《IUCN红色名录》无危(LC)。

148 东方蝾螈 水龙、四脚鱼
Cynops orientalis（David）

形态特征　雄性全长 59~77mm，雌性全长 64~94mm。体形较小。头部扁平，头长明显大于头宽；吻端钝圆，吻棱较明显，鼻孔近吻端。犁骨齿列呈∧形。躯干呈圆柱状，无肋沟，头背面两侧无棱脊，体背中央脊棱弱。前肢、后肢纤细。指、趾无缘膜，基部无蹼。尾侧扁，背、腹鳍褶较平直，尾末端钝圆，背、腹尾鳍褶适度高。生活时体背面黑色，呈蜡样光泽，一般无斑纹。腹面橘红色或朱红色，其上有黑斑点，肛前半部和尾下缘橘红色，肛后半部黑色或边缘黑色。体背面满布痣粒及细沟纹，胸、腹部光滑。

生活习性　生活于海拔 1000m 以下的山区，多栖于有水草的静水塘、泉水水凼、稻田及其附近。成蝾白天静伏于水草间或石下，偶尔浮游到水面呼吸空气。主要捕食蚊蝇幼虫、蚯蚓及其他水生小动物。

地理分布　保护区有历史资料记载。浙江省内大部分山区有分布。

保护与濒危等级　浙江省重点保护野生动物；《中国生物多样性红色名录》近危（NT）；《IUCN 红色名录》无危（LC）。

149 中国雨蛙 雨鬼、雨怪

Hyla chinensis Günther

目	无尾目 ANURA
科	雨蛙科 Hylidae
属	雨蛙属 *Hyla*

形态特征 体长29~38mm。头宽略大于头长;吻圆而高,吻棱明显。鼓膜圆而小,约为眼径的1/3。舌圆厚,后端微有缺刻。雄蛙有单咽下外声囊,色深,鸣叫时膨胀成球状。指、趾端有吸盘和边缘沟,指基部具微蹼。后肢长,前伸贴体时胫跗关节达鼓膜或眼,左、右跟部相重叠。背面绿色或草绿色,体侧及腹面浅黄色。由吻端至颞褶达肩部有1条清晰的深棕色细线纹,在眼后鼓膜下方又有1条棕色细线纹,在肩部会合成三角形斑。体侧和股前后有数量不等的黑斑点,跗足部棕色。背面皮肤光滑,无疣粒。腹面密布颗粒疣,咽喉部光滑。

生活习性 生活于海拔200~1000m的低山区。白天隐蔽在灌丛、芦苇、美人蕉及高秆作物上,夜晚栖息于植物叶片上鸣叫。成蛙捕食蝽象、金龟子、象鼻虫、蚁类等小动物。

地理分布 保护区见于双坑口、白云尖、金刚厂、上芳香、叶山岭、新增、黄桥、三插溪、石角坑、竹里等地。浙江省分布较广。

保护与濒危等级 浙江省重点保护野生动物;《中国生物多样性红色名录》无危(LC);《IUCN红色名录》无危(LC)。

150 三港雨蛙

Hyla sanchiangensis Pope

目　无尾目 ANURA
科　雨蛙科 Hylidae
属　雨蛙属 *Hyla*

形态特征　雄蛙体长 31~35mm，雌蛙体长 33~38mm。头宽略大于头长；吻短圆而较高，吻棱明显。鼓膜圆。舌圆厚，后端微有缺刻。雄蛙咽喉部色深，皮肤松弛，有单咽下外声囊。指、趾端有吸盘和马蹄形边缘沟。后肢长，前伸贴体时胫跗关节达眼，左、右跟部相重叠。趾间蹼发达，几乎为全蹼。生活时背面黄绿色，体侧前段棕色，体侧后段、股前后及腹面浅黄色。1条深棕色细线纹由吻端至体侧后端，另有1条细线纹从眼后鼓膜下方与前者平行，在肩部不相会合。头侧眼前下方至口角有1块不规则的灰白斑，上臂、前臂及胫外侧均有细线纹。腋部、臂部、体侧后段、股前后方、胫内侧都有不同数目的黑圆斑（胫内侧斑点不特别小），体侧前段一般无斑点（而中国雨蛙则有黑斑点），仅个别标本跗部有斑点。手、跗、足

棕色，内侧指、趾白色。背面皮肤光滑。胸、腹及股腹面密布颗粒疣，咽喉部较少。

生活习性　生活在海拔 500~1560m 山区稻田及其附近。白天多在土石缝穴内或篱笆内，傍晚外出鸣叫，晴朗之夜晚鸣声特多。此蛙捕食白蚁、叶甲虫、金龟子、蚁类以及高秆作物上的多种害虫。

地理分布　保护区见于双坑头、黄桥、三插溪、竹里、上地等地。浙江省内分布于开化、景宁、莲都、龙泉、庆元等地。

保护与濒危等级　浙江省重点保护野生动物；《中国生物多样性红色名录》无危（LC）；《IUCN红色名录》无危（LC）。

151 崇安湍蛙

Amolops chunganensis（Pope）

目　无尾目 ANURA
科　蛙科 Ranidae
属　湍蛙属 *Amolops*

形态特征　雄蛙体长 34~39mm，雌蛙体长 44~54mm。头部扁平，头长略大于头宽；吻端钝圆。鼓膜明显。舌呈卵圆形，后端缺刻深。雄蛙有 1 对咽侧下外声囊。前臂及手长为体长之半，各指、趾吸盘均具边缘沟，后肢细长。背部橄榄绿色、灰棕色或棕红色，有不规则深色小斑点。体侧绿色，下方乳黄色，具棕色云状斑，自吻端沿吻棱下方达鼓膜为深棕色，沿上唇缘达肩部有 1 条乳黄色线纹，下唇缘色浅。四肢背面棕褐色，有规则的深色横纹。腹面浅黄色，多数标本咽喉部及胸部有深色云斑。生活时皮肤较光滑。

生活习性　生活于海拔 700~1600m 林木繁茂的山区。非繁殖期分散栖息于林间，繁殖期进入流溪，平时较难见到。

地理分布　保护区有历史资料记载。浙江省内分布于江山、遂昌、龙泉、庆元等地。

保护与濒危等级　浙江省重点保护野生动物；《中国生物多样性红色名录》无危（LC）；《IUCN 红色名录》无危（LC）。

152 沼水蛙 水狗

Hylarana guentheri（Boulenger）

目	无尾目 ANURA
科	蛙科 Ranidae
属	水蛙属 *Hylarana*

形态特征 雄蛙体长71mm左右，雌蛙体长72mm左右。体形大而狭长。头部较扁平，吻长而略尖。眼大，鼓膜圆而明显。舌大，后端缺刻深。雄蛙有1对咽侧下外声囊。前肢适中，后肢较长。背面为淡棕色或灰棕色。鼓膜后沿颌腺上方有1行斜的细黑纹，鼓膜周围有1圈淡黄小圈。颌腺淡黄色，后肢背面有3~4条深色宽横纹，股后有黑白相间的云状斑。外声囊灰色，体腹面淡黄色，两侧黄色稍深。生活时背部皮肤光滑；体侧皮肤有小痣粒；体腹面除雄蛙的咽侧外声囊处有褶皱外，其余各部光滑。

生活习性 栖息于海拔1100m以下的平原、丘陵和山区。成蛙多栖息于稻田、池塘或水坑内，常隐蔽在水生植物丛间、土洞或杂草丛中，以昆虫为食，还觅食蚯蚓、田螺及幼蛙等。

地理分布 保护区见于黄桥、三插溪、竹里、上地等地。浙江省内分布较广。

保护与濒危等级 浙江省重点保护野生动物；《中国生物多样性红色名录》无危（LC）；《IUCN红色名录》无危（LC）。

153　小竹叶蛙

Odorrana exiliversabilis Li, Ye & Fei

目　　无尾目 ANURA
科　　蛙科 Ranidae
属　　臭蛙属 *Odorrana*

形态特征　雄蛙体长 42.7~52.4mm，雌蛙体长 51.8~61.8mm。头部扁平，头长略大于头宽；吻端钝圆，吻棱明显。眼适中，瞳孔横椭圆形。鼓膜明显且光滑，其后有细小疣粒。舌后端缺刻深。雄蛙有1对咽侧下内声囊，前臂较雌蛙略粗壮。后肢长，趾间全蹼，蹼缘凹陷较深，张度较窄，游离缘无缘膜或极窄。生活时背面颜色变异较大，多为橄榄褐色、浅棕色、铅灰色或绿色。体侧疣粒上有浅黄色斑。四肢背面横纹黑褐色，股后浅黄色与黑褐色交织成网状纹。体和四肢背面皮肤光滑。背侧褶细窄而平直，在眼后方靠近鼓膜边缘，向后直达胯部。体后端、体侧及股后方小疣稀疏。腹面皮肤光滑。

生活习性　生活于海拔 600~1525m 的森林茂密的山区。成蛙多栖息在大、小山溪内。蝌蚪常隐匿于溪流的落叶层中或石下。

地理分布　保护区见于双坑口、金刚厂、上芳香、黄桥、竹里、上地等地。浙江省内分布莲都、临安、淳安、建德、婺城、武义、常山、仙居、苍南、文成。

保护与濒危等级　《中国生物多样性红色名录》近危（NT）；《IUCN红色名录》无危（LC）。

154 大绿臭蛙

Odorrana graminea（Boulenger）

目	无尾目 ANURA
科	蛙科 Ranidae
属	臭蛙属 *Odorrana*

形态特征 雄蛙体长48mm,雌蛙体长91mm左右。头扁平,头长大于头宽;吻端钝圆,略突出下唇。鼓膜清晰。舌长,略呈梨形,后端缺刻深。雄蛙有1对咽侧外声囊。前臂及手长近体长之半;后肢长,约为体长的1.9倍。趾间全蹼,蹼均达趾端。生活时背面为鲜绿色,但有深浅变异,两眼前角间有一小白点,头侧、体侧及四肢浅棕色,四肢背面有深棕色横纹,一般股、胫各有3~4条,少数标本横纹不显而有不规则斑点。趾蹼略带紫色,上唇缘腺褶及颌腺浅黄色,腹侧及股后有黄白色云斑,腹面白色。

生活习性 生活于海拔450~1200m森林茂密的大中型山溪及其附近。成蛙白昼多隐匿于溪流岸边石下或附近林间,夜间多蹲在溪面或溪旁的石头上。

地理分布 保护区见于双坑口、金刚厂、上芳香、叶山岭、黄桥、上燕、石角坑、竹里、上地、黄家峈、碑排等地。浙江省内广布。

保护与濒危等级 浙江省重点保护野生动物;《中国生物多样性红色名录》无危(LC);《IUCN红色名录》数据缺乏(DD)。

155　天目臭蛙

Odorrana tianmuii Chen，Zhou & Zheng

目　无尾目 ANURA
科　蛙科 Ranidae
属　臭蛙属 *Odorrana*

形态特征　雄蛙体长 48~72mm，雌蛙体长 52~89mm。头扁平，头长、宽几乎相等或略宽；吻略圆。鼓膜大，舌心形，后端缺刻深。雄蛙有 1 对咽侧下外声囊。前臂粗壮，后肢较长。指端尖，指背面有马蹄形横沟，趾吸盘同指吸盘，趾间全蹼。体背颜色变异大，多为鲜绿色，具有赤褐色斑点；体侧灰褐色、赤褐色或绿色，并散有黑斑。四肢具不清晰的深褐黑色或黑褐色横纹。股后缘浅黄色，上面有黑点或云斑。腹面白色，有的个体咽喉及胸部有灰褐色斑纹。皮肤光滑或有小疣，无背侧褶。体侧疣粒明显或不显，腹面光滑，腹后端及股基部有扁平疣。

生活习性　生活于海拔 200~800m 丘陵、山区的阴湿开阔流溪中。成蛙栖息于溪边的石块或岩壁上、岩缝中或溪边的灌丛中。

地理分布　保护区见于双坑口、金刚厂、上芳香、陈吴坑、黄桥、三插溪、竹里、上地、黄家岱、碑排、寿泰溪等地。浙江省内广布。

保护与濒危等级　浙江省重点保护野生动物；《中国生物多样性红色名录》无危（LC）；《IUCN 红色名录》未予评估（NE）。

156 凹耳臭蛙

Odorrana tormota Wu

目 无尾目 ANURA
科 蛙科 Ranidae
属 臭蛙属 *Odorrana*

形态特征 雄蛙体长 30mm 左右,雌蛙 52~59mm。头略扁平;吻端钝尖,吻棱明显。瞳孔圆,黑色,虹彩上半部橘红色,其上有稀疏小黑点,下半部深咖啡色。雄蛙鼓膜凹陷,呈 1 个略向前斜的外耳道,雌蛙的鼓膜略凹陷。舌梨形,后端缺刻深。雄蛙有 1 对咽侧下外声囊。前肢适中,指端扩大成吸盘,后肢长。生活时背面棕褐色或棕色,背部有多个边缘不齐的小黑斑。体侧色较浅,散有小黑点,股、胫部各有 3~4 条黑色横纹,其边缘镶有细的浅黄纹,股后具网状棕褐色或棕色花斑。腹面淡黄色,但咽喉及胸部有棕色碎斑。

生活习性 生活于海拔 150~700m 的山溪附近。白天隐匿在阴湿的土洞或石穴内,夜晚栖息在山溪两旁灌木枝叶、草丛的草秆上或溪边石块上。繁殖期为 4—6 月。

地理分布 保护区见于双坑头、黄桥、三插溪、竹里等地。浙江省分布较广。

保护与濒危等级 浙江省重点保护野生动物;《中国生物多样性红色名录》易危(VU);《IUCN 红色名录》无危(LC)。

157　黑斑侧褶蛙　田鸡、青蛙

Pelophylax nigromaculatus（Hallowell）

目	无尾目 ANURA
科	蛙科 Ranidae
属	侧褶蛙属 *Pelophylax*

形态特征　雄蛙体长62mm，雌蛙体长74mm。头长大于头宽，背侧褶明显；吻部略尖，吻端钝圆。眼大而突出；鼓膜大而明显，近圆形。舌宽圆，后端缺刻深。雄蛙有1对颈侧外声囊。前肢短，后肢短而肥硕，除第4趾蹼达远端关节下瘤，其余趾为全蹼。生活时体背颜色多样，有淡绿色、黄绿色、深绿色、灰褐色等颜色，杂有许多大小不一的黑斑纹，多数个体自吻端至肛前缘有淡黄色或淡绿色的脊线纹。背侧褶金黄色、浅棕色或黄绿色。

生活习性　广泛生活于平原或丘陵的水田、池塘、湖沼区，以及海拔1600m以下的山地。成蛙在10—11月进入松软的土中或枯枝落叶下冬眠，翌年3—5月出蛰。

地理分布　保护区见于碑排、岭北、黄连山、三插溪、溪斗、寿泰溪等地。浙江省广布。

保护与濒危等级　《中国生物多样性红色名录》近危（NT）；《IUCN红色名录》近危（NT）。

158 **虎纹蛙** 水鸡、粗皮田鸡
Hoplobatrachus chinensis（Osbeck）

目　无尾目 ANURA
科　叉舌蛙科 Dicroglossidae
属　虎纹蛙属 *Hoplobatrachus*

形态特征　雄蛙体长 66~98mm，雌蛙体长 87~121mm。体形硕大。头长大于头宽，吻端钝尖。瞳孔横椭圆形，鼓膜明显。舌后端缺刻深。雄蛙有 1 对咽侧外声囊。四肢较短，横纹明显。指间无蹼，趾间全蹼。背面多为黄绿色或灰棕色。体和四肢腹面肉色，咽、胸部有棕色斑，胸后部和腹部略带浅蓝色。体背面粗糙，背部有长短不一、多断续排列成纵行的肤棱，其间散有小疣粒，胫部纵行肤棱明显。头侧、手、足背面和体腹面光滑。

生活习性　生活于海拔 20~1120m 的山区、平原、丘陵地带的稻田、鱼塘、水坑、沟渠内。白天隐匿于水域岸边的洞穴内，夜间外出活动。跳跃能力很强，稍有响动即迅速跳入深水中。成蛙捕食各种昆虫，也捕食蝌蚪、小蛙及小鱼等。

地理分布　保护区见于黄桥、三插溪等地。浙江省内分布于临安、余杭、镇海、奉化、义乌、天台、温岭、洞头、缙云、龙泉等地。

保护与濒危等级　国家二级重点保护野生动物；《中国生物多样性红色名录》濒危（EN）；《IUCN红色名录》无危（LC）。

159 福建大头蛙

Limnonectes fujianensis Ye & Fei

目　无尾目 ANURA
科　叉舌蛙科 Dicroglossidae
属　大头蛙属 *Limnonectes*

形态特征　雄蛙体长 47~61mm，雌蛙体长 43~55mm。雄性成体头大，枕部高起；雌蛙头较雄蛙小，枕部较低平；吻钝尖，吻棱不显。鼓膜隐于皮下。舌小，后端缺刻深。雄蛙无声囊。前肢短，指间无蹼，指端球状。后肢短而粗壮，趾间约为半蹼。生活时背面灰棕色或黑灰色。背部肩上方有 1 对"八"字形深色斑，两眼间有镶浅色边的深色横纹。上、下唇缘有黑纵纹。体侧及胯部有浅花斑。四肢上黑色横纹清晰，腿后部灰棕色或有浅色细纹，手、足腹面浅棕色，喉部有许多棕色纹。背面皮肤较为粗糙，小圆疣或短褶多而显。腹面皮肤光滑。

生活习性　生活于海拔 600~1100m 的山区，常栖于路旁、田间排水沟的小水塘内或山林中宽约 1m，水深 10~15cm 的多砂石的水塘内。成体常隐蔽于岸边，受惊后跃入水中，行动较迟钝，跳跃力不强。

地理分布　保护区见于黄桥、三插溪、竹里等地。浙江省内分布于桐庐、淳安、苍南、婺城、永康、江山、常山、温岭、莲都、龙泉、青田、景宁等地。

保护与濒危等级　《中国生物多样性红色名录》近危（NT）；《IUCN红色名录》无危（LC）。

160 小棘蛙 黄脚腿

Quasipaa exilispinosa（Liu & Hu）

目　无尾目 ANURA
科　叉舌蛙科 Dicroglossidae
属　棘胸蛙属 *Quasipaa*

形态特征　雄蛙体长44~67mm，雌蛙体长44~63mm。头部宽扁，头宽略大于头长；吻端圆，吻棱不显。鼓膜隐约可见。舌宽圆，后端缺刻深。雄蛙具单咽下内声囊。前肢较粗短，指间无蹼。后肢较长，趾端球状，第4趾两侧蹼缺刻深，其余趾间为满蹼。生活时背面棕褐色，散有不规则的碎黄斑。两眼间有黑褐色横纹。四肢背面具黑褐色横纹，腹面灰白色，咽喉部有黑褐色细密斑点。下腹部及后肢腹面蜡黄色甚为醒目，故其有"黄脚腿"之俗称。雄蛙胸部具有肉质疣突，疣突上均有锥状黑刺，中间部位的疣刺较大，向前向后递次变小。雌蛙腹面皮肤光滑。

生活习性　常生活于500~1400m的山区小溪沟、沼泽边石块下。蝌蚪生活在溪沟的小水坑里，稍受惊扰即隐匿于石洞里或碎石间。

地理分布　保护区见于双坑口、上芳香等地。浙江省内分布于桐庐、安吉、衢州、莲都、龙泉、青田、景宁等地。

保护与濒危等级　浙江省重点保护野生动物；《中国生物多样性红色名录》易危（VU）；《IUCN红色名录》易危（VU）。

161 九龙棘蛙 坑梆儿、小跳鱼
Quasipaa jiulongensis（Huang & Liu）

目　无尾目 ANURA
科　叉舌蛙科 Dicroglossidae
属　棘胸蛙属 *Quasipaa*

形态特征　雄蛙体长 82~110mm，雌蛙体长 76~89mm。体形肥硕。头宽略大于头长，吻端钝圆。鼓膜隐蔽。舌宽大，呈椭圆形，后端缺刻深。雄蛙具单咽下内声囊。前臂粗壮，后肢长，趾间全蹼。背面黑褐色或浅褐色，两眼间有深色横纹，背部两侧各有 4~5 个明显的黄色斑点排成纵行，左右对称，有的个体背脊处有黄色脊线。四肢背面具深色横斑，咽胸部有深浅相间的斑纹，腹部有褐色虫纹斑。体和四肢背面皮肤粗糙，背部满布小疣，间杂有少数大长疣。

生活习性　生活于海拔 800~1200m 山区的小型流溪中，溪旁树木茂密。白天成蛙隐伏在溪流水坑内石块下或石缝、石洞里，晚上出来活动，行动十分敏捷，跳跃迅速。每年 5—10 月活动频繁。捕食昆虫、小蟹及其他小动物。

地理分布　保护区见于双坑口、白云尖、金刚厂、上芳香等地。浙江省内分布于遂昌、江山、松阳等地。

保护与濒危等级　浙江省重点保护野生动物；《中国生物多样性红色名录》易危（VU）；《IUCN 红色名录》易危（VU）。

162 棘胸蛙 山鸡、石鸡、石蛙

Quasipaa spinosa（David）

目	无尾目 ANURA
科	叉舌蛙科 Dicroglossidae
属	棘胸蛙属 *Quasipaa*

形态特征 雄蛙体长 106~142mm，雌蛙体长 115~153mm。体形甚肥硕。头宽大于头长，吻端圆。鼓膜隐约可见。舌卵圆形，后端缺刻深。雄蛙具单咽下内声囊。雄蛙前臂很粗壮，内侧 3 指有黑色婚刺，胸部疣粒小而密，疣上有黑刺 1 枚，有紫红色雄性线。后肢适中，指、趾端球状，趾间全蹼。体背面颜色变异大，多为黄褐色、褐色或棕黑色，两眼间有深色横纹，体和四肢有黑褐色横纹，腹面浅黄色，无斑或咽喉部和四肢腹面有褐色云斑。皮肤较粗糙，长短疣断续排列成行，其间有小圆疣，疣上一般有黑刺。雄蛙胸部满布大小肉质疣，向前可达咽喉部，向后止腹前部，每一疣上有 1 枚小黑刺。雌蛙腹面光滑。

生活习性 生活于海拔 600~1500m 林木繁茂的山溪内。白天多隐藏在石穴或土洞中，夜间多蹲在岩石上。捕食多种昆虫、溪蟹、蜈蚣、小蛙等。

地理分布 保护区见于双坑口、金刚厂、上芳香、叶山岭、黄桥、三插溪、上燕、石角坑、上地、黄家岱、碑排、寿泰溪等地。浙江除平原和海岛外，山区溪流生境多有分布。

保护与濒危等级 浙江省重点保护野生动物；《中国生物多样性红色名录》易危（VU）；《IUCN 红色名录》易危（VU）。

163 布氏泛树蛙 斑腿树蛙
Polypedates braueri（Vogt）

目　无尾目 ANURA
科　树蛙科 Rhacophoridae
属　泛树蛙属 *Polypedates*

形态特征　雄蛙体长为 48mm 左右，雌蛙体长为 64mm 左右。头宽几与身体等宽，颚褶明显，吻前端钝。鼓膜大而明显。舌后端缺刻深。雄蛙有 1 对咽下内声囊。指间无蹼，指侧均有缘膜，指、趾端均具吸盘和边缘沟，指吸盘大于趾吸盘。后肢细长，前伸贴体时胫跗达关节眼与鼻孔之间，左、右跟部重叠。体背面颜色有变异，多为浅棕色、褐绿色或黄棕色，一般有深色 X 形斑或呈纵条纹，有的仅散有深色斑点。腹面乳白色或乳黄色，咽喉部有褐色斑点，股后有网状斑。生活时体背皮肤光滑，疣粒细小，但腹部及四肢腹侧皮肤较为粗糙。

生活习性　生活于海拔 80~1600m 的丘陵和山区，常栖息在稻田、草丛或泥窝内，或在田埂石缝及附近的灌木、草丛中。行动较缓，跳跃力不强。

地理分布　保护区见于双坑口、上芳香、陈吴坑、新增、黄桥、三插溪、石角坑、竹里、上地、黄家岱、碑排、岭北、黄连山、溪斗、寿泰溪等地。浙江省广布。

保护与濒危等级　浙江省重点保护野生动物；《中国生物多样性红色名录》无危（LC）；《IUCN 红色名录》数据缺乏（DD）。

164 大树蛙

Zhangixalus dennysi（Blanford）

目	无尾目 ANURA
科	树蛙科 Rhacophoridae
属	张树蛙属 *Zhangixalus*

形态特征 雄蛙体长 68~92mm，雌蛙体长 83~109mm。体形大，体扁平而窄长。头部扁平，吻端斜尖。瞳孔呈横椭圆形。鼓膜大而圆。舌宽大，后端缺刻深。雄蛙具单咽下内声囊。前臂粗壮，后肢较长，指、趾端均具吸盘和边缘沟。指间蹼发达，第 3、4 指间全蹼，趾间全蹼，蹼厚而色深，上有网状纹。体色和斑纹有变异，多数个体背面绿色，体背部有镶浅色线纹的棕黄色或紫色斑点。沿体侧一般有成行的白色大斑点或白纵纹，下颌及咽喉部为紫罗蓝色，腹面其余部位灰白色。生活时背面皮肤较粗糙，有小刺粒，腹部和后肢股部密布较大扁平疣。

生活习性 生活于海拔 80~800m 山区的树林里或附近的田边、灌木、草丛中。主要捕食金龟子、叩头虫、蟋蟀等多种昆虫及其他小动物。

地理分布 保护区见于双坑口、叶山岭、里光溪、双坑头、陈吴坑、新增、三插溪、石角坑、竹里、碑排等地。浙江省广布。

保护与濒危等级 浙江省重点保护野生动物；《中国生物多样性红色名录》无危（LC）；《IUCN 红色名录》无危（LC）。

参考文献

[1] 蔡波, 王跃招, 陈跃英, 等. 2015. 中国爬行纲动物分类厘定. 生物多样性, 23(3): 365–382.

[2] 费梁, 胡淑琴, 叶昌媛, 等. 2009. 中国动物志·两栖纲(下卷). 北京: 科学出版社.

[3] 费梁, 叶昌媛, 江建平. 2012. 中国两栖动物及其分布彩色图鉴. 成都: 四川科学技术出版社.

[4] 费梁, 叶昌媛, 胡淑琴, 等. 2006. 中国动物志·两栖纲(上卷). 北京: 科学出版社.

[5] 费梁, 叶昌媛, 胡淑琴, 等. 2009. 中国动物志·两栖纲(中卷). 北京: 科学出版社.

[6] 龚世平, 何兵, 2008. 广东省蛇类新纪录饰纹小头蛇. 四川动物, 27(2): 238–239.

[7] 侯勉, 李丕鹏, 吕顺清. 2009. 秉螈 *Pingia granulosus* 的重新发现及新模描述. 四川动物, 28(1): 15–18.

[8] 蒋志刚, 江建平, 王跃招, 等. 2016. 中国脊椎动物红色名录. 生物多样性, 24(5): 500–551.

[9] 乐新贵, 洪宏志, 王英永. 2009. 江西省爬行纲动物新纪录崇安地蜥 *Platyplacopus sylvaticus*. 四川动物, 28(4): 600–642.

[10] 马竞能, 菲利普斯, 何芬奇. 2000. 中国鸟类野外手册. 长沙: 湖南教育出版社.

[11] 唐鑫生, 陈启龙. 2006. 基于12S rRNA基因序列探讨崇安地蜥的分类地位. 动物分类学报, 31(3): 475–479.

[12] 唐鑫生, 项鹏. 2002. 崇安地蜥的再发现及其分布范围的扩大. 动物学杂志, 37(4): 65–66.

[13] 杨剑焕, 洪元华, 赵健, 等. 2013. 5种江西省两栖动物新纪录. 动物学杂志, 48(1): 129–133.

[14] 张孟闻, 宗愉, 马积藩. 1998. 中国动物志·爬行纲(第一卷)·总论 龟鳖目 鳄形目. 北京: 科学出版社.

[15] 赵尔宓, 黄美华, 宗愉, 等. 1998. 中国动物志·爬行纲(第三卷)·有鳞目·蛇亚目. 北京: 科学出版社.

[16] 赵尔宓, 赵肯堂, 周开亚, 等. 1999. 中国动物志·爬行纲(第二卷)·有鳞目·蜥蜴亚目. 北京: 科学出版社.

[17] 赵尔宓. 2006. 中国蛇类(上卷). 合肥: 安徽科学技术出版社.

[18] 赵尔宓. 2006. 中国蛇类(下卷). 合肥: 安徽科学技术出版社.

[19] 郑光美. 中国鸟类分类与分布名录. 3版. 北京: 科学出版社.

[20] 《浙江动物志》编辑委员会. 1990. 浙江动物志·鸟类. 杭州: 浙江科学技术出版社.

［21］《浙江动物志》编辑委员会．1990．浙江动物志·兽类．杭州：浙江科学技术出版社．

［22］《浙江动物志》编辑委员会．1990．浙江动物志·两栖类 爬行类．杭州：浙江科学技术出版社．

［23］Fei L，Hu S Q，Ye C Y，et al. 2009. Fauna Sinica：Amphibia（Vol. 3）. Beijing：Chinese Academy of Science Science Press.

［24］Gray J E. 1859. Descriptions of new species of salamanders from China & Siam// Proceedings of the Zoological Society of London. 229−230.

［25］Huang Z Y，Liu B H. 1985. A new species of the genus *Rana* from Zhejiang，China. Journal of Fudan University. Natural Science，24：235−237.

［26］Nishikawa K，Jiang J P，Matsui M，et al. 2009. Morphological variation in *Pachytriton labiatus* & a re−assessment of the taxonomic status of *P. granulosus*（Amphibia：Urodela：Salamandridae）. Current Herpetology. Kyoto：28：49−64.

［27］Pan S L，Dang N X，Wang J S，et al. 2013. Molecular phylogeny supports the validity of *Polypedates impresus* Yang. Asian Herpetological Research，4：124−133.

［28］Pope C H. 1929. Four new frogs from Fukien Province，China. American Museum Novitates，32（2）：1−5.

中文名索引

拉丁名索引

图书在版编目（CIP）数据

浙江乌岩岭国家级自然保护区珍稀濒危动物图鉴 / 刘宝权，张芬耀，雷祖培主编. — 杭州 ：浙江大学出版社，2022.2
ISBN 978-7-308-22376-8

Ⅰ. ①浙… Ⅱ. ①刘… ②张… ③雷… Ⅲ. ①自然保护区—濒危动物—秦顺县—图集 Ⅳ. ①Q958.525.54-64

中国版本图书馆CIP数据核字（2022）第035509号

浙江乌岩岭国家级自然保护区珍稀濒危动物图鉴

刘宝权　张芬耀　雷祖培　主编

责任编辑	季　峥
责任校对	潘晶晶
封面设计	沈玉莲
出版发行	浙江大学出版社
	（杭州市天目山路148号　邮政编码310007）
	（网址:http：//www.zjupress.com）
排　　版	杭州朝曦图文设计有限公司
印　　刷	浙江海虹彩色印务有限公司
开　　本	787mm×1092mm　1/16
印　　张	11.5
字　　数	213千
版印次	2022年2月第1版　2022年2月第1次印刷
书　　号	ISBN 978-7-308-22376-8
定　　价	298.00元